煤系伴生资源——油页岩原位注蒸汽开采物化改性特征及机理研究

王 磊 著

中国矿业大学出版社

· 徐州 ·

内 容 提 要

油页岩作为煤系伴生资源,储量巨大,通过热解可生成油气产物,这些产物可作为石油的接替资源,这对缓解贫油国家石油紧缺的现状具有重要意义。在综合研究了各类专利技术与油页岩的特征之后,太原理工大学提出了对流加热油页岩开采油气技术(MTI技术),主张以高温蒸汽作为载热流体原位热解油页岩矿层。本书以该工艺为背景,进行注蒸汽原位热解大块油页岩的小型室内试验以及大尺寸油页岩原位压裂热解的物理模拟试验,研究油页岩原位注蒸汽开采过程中岩体宏观变形特征和内部细观结构特征;设计注蒸汽热解油页岩开采油气的反应系统,以长距离热解油页岩试验为主,结合理论分析,对长反应距离下不同热解温度以及不同热解时间得到的油气产物品质进行了系统研究;同时对不同注蒸汽温度下油页岩结构演化特征以及渗透率演变规律进行了细致分析,从而揭示了注蒸汽原位开采油页岩物化改性特征及热解机理。

图书在版编目(CIP)数据

煤系伴生资源:油页岩原位注蒸汽开采物化改性特征及机理研究 / 王磊著. —徐州:中国矿业大学出版社,2022.6

ISBN 978 - 7 - 5646 - 5415 - 3

Ⅰ. ①煤… Ⅱ. ①王… Ⅲ. ①油页岩—注蒸汽—矿山开采—研究 Ⅳ. ①TD83

中国版本图书馆 CIP 数据核字(2022)第 094363 号

书 名	煤系伴生资源——油页岩原位注蒸汽开采物化改性特征及机理研究
著 者	王 磊
责任编辑	章 毅
出版发行	中国矿业大学出版社有限责任公司
	(江苏省徐州市解放南路 邮编 221008)
营销热线	(0516)83884103 83885105
出版服务	(0516)83995789 83884920
网 址	http://www.cumtp.com **E-mail**:cumtpvip@cumtp.com
印 刷	江苏淮阴新华印务有限公司
开 本	787 mm×1092 mm 1/16 **印张** 9.5 **字数** 240 千字
版次印次	2022 年 6 月第 1 版 2022 年 6 月第 1 次印刷
定 价	42.00 元

(图书出现印装质量问题,本社负责调换)

作 者 简 介

　　王磊,男,山西灵石人,中国岩石力学与工程学会会员,山西省岩石力学与工程学会理事,山西省煤炭学会千人智库技能专家。主要从事原位改性流体化采矿、煤与非煤类资源开采及岩石力学方面的教学和科研工作,主持国家自然科学基金项目1项、山西省基础研究计划项目1项以及中石化石油勘探开发研究院开放课题1项,以第一作者身份发表SCI/EI检索论文10余篇,申请国家发明专利10余项。

前　言

　　油页岩是一种富含固体有机质（干酪根）、具有微细层理、可以燃烧的细粒沉积岩，油页岩通过热解可生成油气产物。我国油页岩资源丰富，储量为 7 199 亿 t，折合为页岩油资源储量为 476 亿 t[1]。油页岩热解气体的热值较高，既可以作为燃气发电，也可以作为化学合成气的原料之一；页岩油加氢裂解后可获得汽油、煤油以及柴油等成品油，这对缓解贫油国家石油紧缺的现状具有重要意义。

　　油页岩的开采技术可分为地面干馏和原位开采两大类，地面干馏技术的主要缺点表现为：将矿体采掘到地面的成本较高，干馏产生的废弃物排放会破坏生态系统，系统建设初期所需的投资较大。鉴于油页岩地面干馏技术带来的诸多问题，目前世界上许多国家倡导通过原位加热技术开采油页岩。油页岩在自然状态下是致密的低渗透岩石，导热性极差，内部有机质不溶于常规的有机溶剂，而外部热量只有快速传输到岩体内部才能降低油页岩开发成本，实现油页岩的高效热解。在综合研究了各类专利技术与油页岩的特征之后，太原理工大学提出了对流加热油页岩开采油气技术（MTI 技术），该技术以高温蒸汽为热载体加热油页岩矿层，并通过蒸汽携带油气排采至地面。

　　本书以注蒸汽原位开采油页岩工艺为背景，主要进行注蒸汽热解油页岩开采油气的相关室内试验，结合理论分析以及数值模拟方法对注蒸汽原位开采油页岩的热破裂演化规律和热解油气产出特性进行系统研究，阐释注蒸汽热解油页岩开采过程中岩体内部宏细观改性特征，明确注蒸汽热解油页岩提质的机理，解释蒸汽热解油页岩方法的优势。全书共分为 7 章。第 1 章介绍研究意义、油页岩原位开采技术现状、油页岩开采产物特性及物性结构研究现状等内容。第 2 章在原位热解油页岩模拟试验的基础上，得到油页岩热解过程中蒸汽压力和约束应力的变化特征，同时对热解后油页岩不同位置的热解效果和产油产气规律进行研究。第 3 章在大尺寸油页岩原位压裂-热解的物理模拟试验后对平行层理方向和垂直层理方向油页岩的孔隙和裂隙结构进行测试，从裂缝围岩细观结构、矿层渗透率以及矿层热解效果角度出发反演高温蒸汽热解油页岩物理改性规律与机理。第 4 章通过注蒸汽热解油页岩的试验得到不同热解温度下的油页岩样品，对样品内部的孔隙和裂隙结构进行 MIP（压汞测试）和显微 CT（电子计算机断层扫描）分析，同时测试得到蒸汽温度对有机质热解程度的影响特征。第 5 章主要结合渗透率测试手段,并采用流场模拟方法对蒸汽热解后油页岩样品的渗透率进行研究,得到平行层理方向渗透率、垂直层理方向渗透率以及各向异性系数随蒸汽温度的演变规律,同时与直接干馏模式下油页岩的渗透率进行对比分析。第 6 章进行长反应距离下高温蒸汽热解油页岩开采油气的试验,改变热解温度和热解时间,对高温蒸汽作用下油页岩热解产物的品质进行深入研究,进一步解释蒸汽温度对热解提质的机理与规律。第 7 章总结研究的主要结论,并进行展望。

本研究阐释了注蒸汽热解油页岩的固体渗透改性演变规律与大规模原位热解的演进机理,为注蒸汽原位开采油页岩工艺的现场运行提供了一定的理论基础。由于作者水平有限,书中难免存在不足之处,敬请读者批评指正。

著 者

2022 年 1 月

目　　录

第1章　绪　　论

1.1　研究意义

能源是我国国民经济和社会发展的重要保障。我国煤炭储量巨大,而且多年来形成了较为成熟的煤炭开采技术和先进的采掘设备,故在我国能源结构中煤炭产业一直作为支柱性产业。大部分浅埋煤炭资源变质程度低、热值低、品质较差,而且近些年来几乎开采完毕,所以我国煤炭开采深度逐步变大,很多地区的待采煤炭埋深可达千米,虽然深埋煤炭资源的变质程度高、煤种较好,但深埋煤层所处地层的地应力场复杂,采场采动会引起十分强烈的矿压显现现象,开采难度较大。习近平总书记提出了"能源革命"的战略思想[2],确定我国的能源结构形式要以煤炭为主向多元化方向发展。

图 1-1 为 2009—2018 年我国能源消费结构的变化趋势,从图中可以看出原油消费比例仅次于煤炭,而且在逐年逐步上升,10 年间煤炭资源所占比例从 71.6% 降低到了 59.0%,能源的多元化发展乃是大势所趋。石油是常规油气资源,到 2020 年中国石油剩余探明技术可采储量为 36.19 亿 t[3],而每年的开采量巨大,由此推算石油资源在未来几年将面临枯竭。原油的对外依存度为原油进口量与该国原油总消费量的比值,反映了本国石油对国外石油的依赖性,2018 年我国原油开采总量为 1.89 亿 t,处于世界第六位,而进口原油达到了 4.62 亿 t[4],为世界之最,我国原油的对外依存度已超 70%,由此可见我国能源需求与日益减少的常规资源间的矛盾。非常规资源包括页岩气、油页岩以及煤层气等,由于非常规资源储层的物性较差,目前还处于初级勘探阶段[5],但我国非常规资源储量丰富,再则多年来我国诸多专家学者在储层改造以及开采方法等方面进行了全面的研究,取得了许多突破性的技术和开采理论,故非常规资源的开采前景极为广阔。

油页岩作为非常规油气资源,是一种富含固体有机质(干酪根)、具有微细层理、可以燃烧的细粒沉积岩,属于煤系伴生资源。油页岩通过干馏可生成页岩气和页岩油[6-7]。页岩气的热值较高,既可以作为燃气发电,也可以作为化学合成气的原料之一;页岩油加氢裂解后可获得汽油、煤油以及柴油等成品油,这对缓解贫油国家石油紧缺的现状具有重要意义[8-9]。同时,油页岩的附加经济价值也很高,在油页岩中还可以开采提炼到油页岩蜡和腐植酸,在页岩灰中也可以提炼到多种稀有金属。油页岩中黏土矿物含量较高,有机质的含量较低,普遍处于 20% 以下,在干馏过程中大部分的黏土矿物以脱水分解为主,不会发生大量的热解,故油页岩干馏会形成大量的页岩灰渣,这些废渣可作为建筑材料的原料,还可以作为提取二氧化硅、氧化铝等化学制品的原料[10]。总而言之,油页岩干馏得到的页岩油是石油的重要补充,而剩余的残渣在建筑、矿业以及化工等领域还拥有较为广阔的潜在用途,故在当今高油价的时代寻求油页岩矿藏的高效开采方法对缓解我国能源不足的现状具有重要的意义。

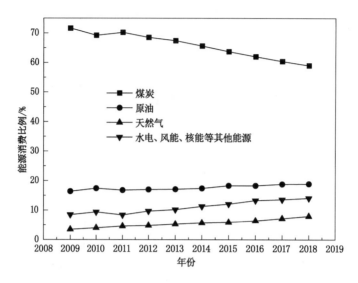

图 1-1　我国能源消费结构的变化趋势

世界上拥有油页岩资源的国家至少有 42 个,储量极其丰富,折合成页岩油可达 4 546 亿 t,远高于世界探明的原油资源储量[11-12]。中国地质调查局统计结果显示:我国油页岩资源丰富,分布面积达到了 18 万 km²,总体上储层埋深较浅,全国探明的拥有油页岩矿藏的省份可达 22 个,含油页岩的矿区为 84 个,我国主要盆地的油页岩资源分布情况[13-14]如表 1-1 所示。

表 1-1　我国主要盆地的油页岩资源分布情况统计表

地区	地理环境	地层	油页岩储量/亿 t	折合成页岩油储量/亿 t	平均含油率/%
松辽盆地	平原	中生界	3 909.88	173.80	4.45
抚顺盆地、桦甸盆地等	丘陵	新生界、中生界	187.58	11.65	6.21
鄂尔多斯盆地	山地、丘陵	中生界、古生界	3 540.17	165.06	4.66
伦坡拉盆地	高原	新生界	767.96	86.63	11.28
准格尔盆地	山地	古生界	661.62	62.97	9.52
羌塘盆地	高原	中生界	435.24	39.96	9.18
茂名盆地	丘陵	新生界	164.89	10.01	6.07
桐柏盆地	丘陵	新生界	138.62	8.62	6.22
其他			242.11	12.25	5.06
合计			10 048.07	570.95	5.68

油页岩根据含油率的不同可分为贫矿(<6%)和富矿(>10%),由表 1-1 可见我国油页岩资源平均含油为 5.68%,矿藏大部分为贫矿,富矿所占比例不超过 30%。2018 年国家能源局组织国内主要的研究单位成立了"国家油页岩开采研发中心",旨在加大油页岩原位开采核心技术的研究力度,使沉睡的油页岩资源尽早成为我国现实的可用资源,其技术也可带动油砂、稠油等其他非常规油气资源的有效开采。该研发中心设有 9 个分中心,太原理工大学是为数不多的掌握核心技术的分中心之一,即"国家油页岩原位注热开采研发分中心"。

　　太原理工大学于 2005 年提出了对流加热油页岩开采油气技术(MTI 技术)[15]，该技术以高温蒸汽作为载热流体对流加热油页岩矿层。其特点主要表现为：在地下原位通过热解技术使矿藏发生物理和化学形态的改造，将有机质热解产物以流体化的形式开采出来。油页岩是各向异性明显的沉积岩，利用高温蒸汽加热矿层时，矿层内部温度分布存在显著的不均性，进而影响矿层的热破裂和热解作用，对载热流体和热解产物的扩散、运移和渗流产生较大影响。热解过程中，油页岩会经历矿物质的软化以及有机质的裂解等过程，蒸汽参与下的油页岩热解特性是注蒸汽原位开采技术中所涉及的关键问题。为了研究油页岩原位注蒸汽开采物理和化学改性特征，本书主要进行注蒸汽热解油页岩开采油气的相关室内试验，结合理论分析以及数值模拟方法对注蒸汽原位开采油页岩的热破裂演化规律和热解油气产出特性进行系统研究，阐释注热开采过程中岩体内部宏微观改性特征，揭示不同因素对油品改质的定量化表征，明确注蒸汽热解油页岩提质的机理，解释蒸汽热解油页岩方法的优势，为注蒸汽原位开采油页岩工艺的现场实施提供一定的技术依据。

1.2　油页岩开采技术研究现状

　　油页岩的开采技术可分为地面干馏和地下干馏两大类[16-18]，地面干馏技术先将地面或者地下油页岩矿石采出，将其破碎到一定的块度，然后置于地面干馏系统(供热系统、干馏炉和冷凝系统)中，进行高温和绝氧条件下的热解[19]。地下干馏技术主要指油页岩的地下原位开采方式，该技术就是把注热井通入矿层中，进而对矿体进行加热，干酪根裂解生成的油气通过自然或者人造裂隙可流动到邻近的生产井。

1.2.1　油页岩地面干馏技术研究现状

　　油页岩的地面干馏技术分为直接式和间接式两类[20]，间接式地面干馏技术主要通过辐射加热方式对油页岩进行热解，热解效率较低，应用较少；直接式地面干馏技术主要通过对流加热方式进行油页岩的热解，该技术以油页岩热解形成的高温载体为油页岩干馏提供热量，热解速率高。地面干馏技术较为成熟的国家主要为中国、巴西以及爱沙尼亚等。

　　根据热载体加热方式的不同可将直接式地面干馏技术分为气体载热干馏技术和固体载热干馏技术两大类。前者以油页岩热解以及固态残渣气化形成的气体作为载热流体为油页岩干馏提供所需的热量，该技术主要用于块状油页岩的干馏，具有代表性的为爱沙尼亚的 Kiviter 技术以及我国的抚顺干馏技术等；后者以油页岩燃烧形成的页岩灰和流体化的油页岩小颗粒作为载热介质为油页岩干馏提供热量，该技术主要用于颗粒状油页岩的干馏，具有代表性的为加拿大的 ATP(Alberta-Taciuk processor)技术以及爱沙尼亚的 Galoter 技术等[21-24]。

　　国内外主要的干馏技术特点如表 1-2 所示。

表 1-2　国内外主要的干馏技术特点统计表

干馏技术	气体载热干馏					固体载热干馏		
干馏炉	Petrosix	Kiviter	Union-B	抚顺	成大	Galoter	ATP	Enefit
所属国家	巴西	爱沙尼亚	美国	中国	中国	爱沙尼亚	加拿大	爱沙尼亚
处理量	2 200 t/d	1 500 t/d	1.3 万 t/d	100～200 t/d	300 t/d	3 000 t/d	6 000 t/d	226 万 t/a

表 1-2（续）

干馏技术	气体载热干馏					固体载热干馏		
油收率/%	90	75~78	—	65	—	75~85	90	—
粒度要求/mm	6.4~76	25~100	—	12~75	6~50	<25	<12	<25
应用	工业化	工业化	未工业化	工业化	工业化	工业化	工业化	工业化

地面干馏技术的主要缺点表现为：

① 油页岩主要赋存于地下，将矿体采掘到地面的成本较高，而且开采形成的采空区如果不处理容易形成地表塌陷；

② 地面干馏产生的废弃物排放会造成环境污染，破坏生态系统；

③ 地面干馏系统建设初期所需的投资较大，经济性较低。

1.2.2 油页岩原位开采技术研究现状

鉴于油页岩地面干馏技术带来的诸多问题，许多国家倡导通过原位加热技术开采油页岩。根据热源的不同，油页岩的原位加热方式可分为传导加热、燃烧与辐射加热、对流加热三大类[25-26]。

1.2.2.1 传导加热原位开采油页岩技术

（1）荷兰壳牌公司的 ICP(in-situ conversion process)技术[27]

该技术的发展时间很长，已在美国科罗拉多州绿河油页岩矿区进行了 8 次现场试验，主要通过电加热方式原位热解油页岩，如图 1-2 所示。在现场施工前，需要在待采矿层外围布置冷冻墙，以防油页岩热解产生的油气污染地下资源。在施工过程中，首先在地面垂直钻孔布井，布井间距小于 30 m，一共布置 2 个生产井和 16 个加热井，呈菱形网格分布，然后在加热井中装设电加热器，利用传导加热方式对矿体进行加热，在加热干馏过程中，致密的油页岩矿层发生破裂，形成孔洞裂隙，从而使得有机质裂解生成的油气沿着生产井排采。

（a）ICP技术原理　　　（b）ICP技术在科罗拉多州的现场应用

图 1-2　电加热原位热解油页岩技术示意图

ICP 技术的主要缺点为：油页岩的导热性极差，故电加热的传热效率极低，通常情况下需要连续加热 1 a 以上油页岩有机质才会裂解生成油气[28-29]。即使缩短布井间距，若要使得注热井和采气井间的矿层温度基本达到干酪根的有效热解温度，也需要几十年时间。干酪根裂解形成的油气主动迁移能力差，大量的油气产物难以采出，致使回采率较低。在长时间的服务期内,电加热器极易发生故障,寿命低,维修成本高。

（2）埃克森美孚公司的 Electrofrac™ 技术[30-31]

油页岩不仅是致密的沉积岩,而且是热的不良导体,故进行油页岩的原位热解工作前通过油页岩矿体中布置的水平井对矿层进行压裂,从而形成大规模的裂缝,然后在其中注入导电介质,这样在通电后就以水平井作为电极、裂缝作为导电通路对整个矿层进行加热,干酪根裂解生成的油气通过生产井排出[32],该技术原位开采油页岩的原理如图 1-3 所示[27]。

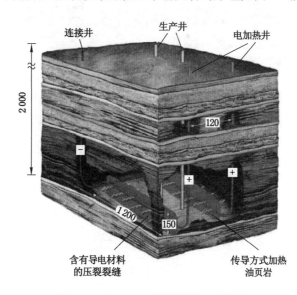

图 1-3 Electrofrac™ 技术原理示意图

该技术虽然也是通过传导方式加热油页岩,但矿体内部压裂裂缝中的导电介质均会起到升温热解油页岩的作用,故大大增加了岩体的换热面积,提高了热解效率,其热传导效率要明显高于 ICP 技术,而且在施工过程中所需的布井数量较少,这也节约了开采成本。但缺点表现为:导电介质的选择以及在压裂裂缝中注入导电介质的难度均比较大,对于厚度较大的矿层而言该技术的开采效率依然较低。

（3）美国独立能源公司的 GFC 技术[33-34]

该技术由美国独立能源公司发明,其技术原理为通过高温燃料电池堆的反应热对油页岩矿体进行加热,有机质裂解生成的油气混合物大部分通过采油井排采,小部分通入电池堆作为燃料利用,技术原理如图 1-4 所示[27]。该技术的优点在于能量可以自给自足,油页岩矿体内部的温度分布较为均匀,能量利用率高;但该工艺复杂,在现场施工的难度较大,可控性较差。

1.2.2.2 燃烧与辐射加热技术

（1）LLNL(劳伦斯利弗莫尔国家实验室)无线射频技术[35-37]

LLNL 无线射频技术由美国伊利诺伊理工大学提出,其技术原理如图 1-5 所示[27]。该技术拟通过在矿层中布置垂直组合电极,从而加大矿体的受热面积,对大范围的油页岩矿层进行缓慢热解。无线射频具有强穿透力和容易控制的优点,而且与传导加热方式相比,该技术加热油页岩矿层所需的热扩散时间较短。

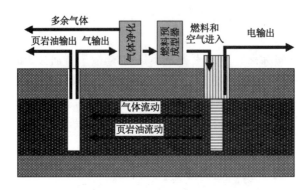

图 1-4 GFC 技术原理示意图

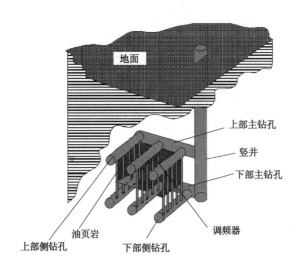

图 1-5 LLNL 无线射频技术原理示意图

（2）Raytheon 公司的 RF/CF 技术

该技术通过射频对油页岩进行加热,待有机质充分裂解生成油气,再以超临界流体作为载体携带油气产物从生产井排出,油气和超临界流体的混合物在地面进行冷却分离,这样超临界流体就能循环往复利用,其技术原理如图 1-6 所示[27]。RF/CF 技术的优点表现为换热效率快、采油率高(消耗 1 个单位的能量可采出 5 个单位的能量)、可对目标热解区域进行选择性加热。

（3）众诚集团的原位压裂化学干馏工艺[38-40]

该工艺主要通过燃烧加热技术对油页岩进行热解,其技术原理如图 1-7 所示。首先在地面布置以压裂燃烧井为中心、多口生产井分布四周的蜂窝形井网结构,其次对矿层进行压裂和裂隙支撑剂的填充,然后在压裂燃烧井中建立燃烧室,在燃烧室底部将可燃气体点燃,待油页岩充分干馏之后,油气产物沿着裂隙通道从生产井排出。在该技术中,油页岩热解所需的热量来源于可燃气体的燃烧固定碳、生产井尾气的回注燃烧。

1.2.2.3 对流加热原位开采油页岩技术

（1）雪佛龙公司的 CRUSH 技术[41-42]

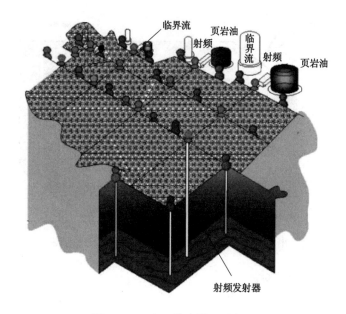

图 1-6　RF/CF 技术原理示意图

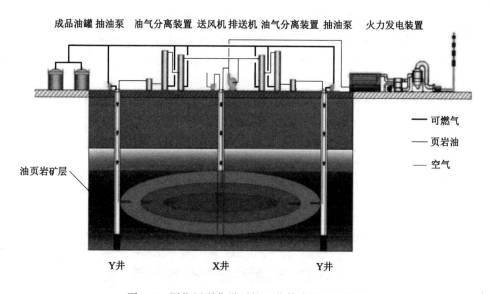

图 1-7　原位压裂化学干馏工艺技术原理示意图

该技术以高温二氧化碳作为载热流体对油页岩矿层进行加热,如图 1-8 所示。该技术工艺的具体实施步骤为:先通过地面钻井对油页岩矿层进行爆破压裂,使岩体内部形成大量的裂隙,增大流体与油页岩的接触面积;然后将高温流体注入矿层,使之沿着裂隙对有机质进行热解,产出的烃类气体从地面布置的垂直井排出。

该工艺的优点为油页岩经爆破压裂从致密不渗透岩石转变为较为破碎的高渗透岩石,从而加大了流体的加热效率和排采速率;同时二氧化碳能提高页岩油的回收率。但该技术对环境的污染较为严重。在 2006 年雪佛龙公司设计了小型的含有四点井网的工业模型,但

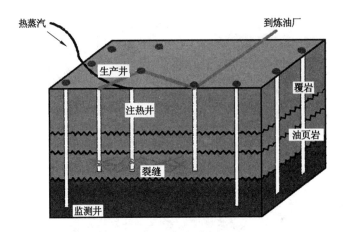

图 1-8　雪佛龙公司的 CRUSH 技术原理示意图

是只进行了小规模的现场试验。

（2）AMOS 公司的 EGL 技术[43]

美国页岩油公司 AMOS 提出了 EGL 技术，如图 1-9 所示，主要通过对流加热和回流传热原理对油页岩矿层进行加热。该工艺系统主要由加热系统和采油系统组成，其中，加热系统为封闭的环形结构，主要包括多个平行的水平井。工艺实施时可以将气态碳氢化合物和氢气燃烧产生的热量通入环形结构中对矿体进行加热，整个对流加热系统正常运转之后就可以利用自身干馏气作为热解油页岩的能量，不再需要外部能量。

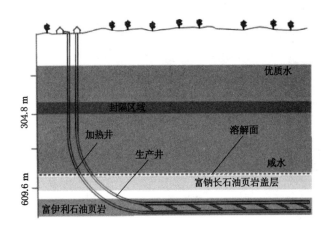

图 1-9　EGL 技术原理示意图

该技术结合了闭合回路加热和横向原位干馏，最大限度地提高能量利用率的同时也减小了对环境的污染。AMOS 公司在 2010 年进行了该技术的中试试验。

（3）美国西山能源公司的 IGE(in-situ gas extraction)技术

该工艺以高温蒸汽作为载热流体对油页岩矿层进行加热，待有机质裂解成为油气，高温蒸汽携带油气产物到地面，进而进行冷凝回收工作，分离后的气体继续加热作为热的载体注入矿体中，从而对油页岩进行循环加热，热解过程如图 1-10 所示。

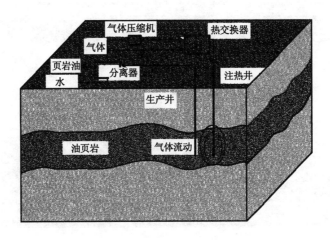

图 1-10 IGE 技术原理示意图

该技术的优点表现为:页岩油的回收率很高,不会黏滞于油页岩残渣内部;布井简单,操作成本较低;高温蒸汽在矿体内部循环加热,实现了能量的高效利用;气体几乎不会向周围矿层渗透,对环境的污染很小。

(4) 吉林大学的 TSA 技术(局部化学反应法)[44-46]

该技术最早由以色列 AST 公司提出,吉林大学引进该技术并进行了改进,在注热井中注入高温空气及高温甲烷,这样在注热井附近的油页岩有机质会发生热解,触发局部范围的化学反应,形成一个局部的反应单元,为有机质的继续分解提供能量,故该反应单元会随着有机质的不断热解而加大,进而可实现较大范围的油页岩矿层的热解。

TSA 技术的原位热解油页岩是由局部化学反应引起的化学热强化开采油页岩的过程,该方法可实现油页岩有机质的自发热解,所需的能耗投入较少。

(5) 太原理工大学的 MTI 技术(油页岩原位对流加热开采技术)[47-49]

太原理工大学于 2005 年提出了 MTI 技术,该技术以过热蒸汽为热载体对流加热油页岩矿层,同时蒸汽可携带油气排出。该工艺具体实施的步骤为:首先在地面进行钻孔,钻孔深度要达到油页岩矿层底部,钻孔间距保持在 30 m 以上;其次布置群井,井筒与孔壁间的间隙进行填充密封处理,通过群井压裂技术对油页岩矿体进行水力压裂,从而使得岩体内部形成大规模的裂隙群,注热井和生产井之间可以相互连通;然后通过井网系统将温度高于 550 ℃的蒸汽注入油页岩矿层中,这样高温蒸汽可以沿着裂隙通道快速流动,对大范围的矿体进行热解;最后,待有机质充分热解生成油气,高温蒸汽会携带油气混合物从生产井排出,在地面通过物理分离方法对油气进行处理。注蒸汽原位热解油页岩的技术原理如图 1-11 所示。

MTI 技术的优点为:

① 高温流体可快速流动与矿体进行热交换,而且压裂形成的裂隙通道也加大了矿体的受热范围,大大缩短了有机质达到有效热解温度的时间。

② 高温、高压蒸汽可以携带有机质裂解生成的油气产物排出,与传导加热技术相比,该技术下油气主动迁移能力高,油气的采收率高。

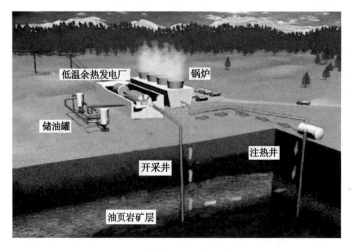

图 1-11 注蒸汽原位热解油页岩的技术原理示意图

③ 地面布置的每个井均可作为注热井和生产井,可通过间隔轮换注热开采方式对矿体进行加热,如图 1-12 所示,这样一方面可以使得群井范围内的矿体得到全方位的热解,另一方面可以最大限度地提高加热速率。

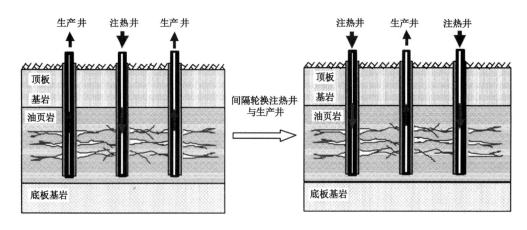

图 1-12 MTI 技术的间隔轮换注热井开采油页岩

④ 油页岩中黏土矿物的含量高,在高温下以脱水反应为主,其真正分解所需的温度极高,故油页岩有机质充分热解后黏土矿物的含量依然很高,这样可以起到支撑上覆岩层的作用,控制地表沉降。

⑤ 剩余的低温蒸汽可通过低温余热发电系统进行冷却和发电,实现了能量的高效利用。

注蒸汽热解油页岩的过程中,高温蒸汽会与有机质和部分油气产物发生化学反应,从而改变油气产物的释放特征。有研究[50-52]表明,蒸汽气氛会对油气的二次裂解起到抑制作用,减弱油气的二次反应。由此可见,在蒸汽气氛下干酪根热解的过程较为复杂,注高温蒸汽热解油页岩会改变有机质裂解产物的品质。

1.3　油页岩热解产物特征研究现状

油页岩干酪根是大分子化合物,组成结构复杂,而且油页岩内部含有微量的具有催化作用的金属元素。在油页岩热解过程中,热解气氛、热解温度、热解时间以及升温速率等因素均会影响油页岩的产油、产气规律以及油气的组成成分。页岩气和页岩油的析出特征随着热解条件的改变而改变,国内外学者对不同热解条件下油页岩热解产物特征进行了诸多研究。

1.3.1　油页岩直接干馏热解特性

D. G. Lai 等[53-56]通过固定床反应器的内构件对油页岩的热解机理进行了研究,得到了油页岩热解的产油、产气规律,同时建立了热解机理模型。他们认为页岩油大量产出所处的温度区间为 350~460 ℃,在页岩油的初始产出阶段以轻质油为主,而后大量产出重质油;干酪根中的芳香族化合物热解后主要形成油气,而芳香族化合物热解倾向于形成残碳。之后又进行了以页岩灰作为载热体对热解产物性质的影响,认为 550 ℃是页岩油回收率达到最大的温度点,在该温度下延长热解时间会加剧有机质的二次裂解,利于页岩油品质的提高,而不利于页岩油回收率的增加。

页岩油中的杂原子化合物(有机化合物中,除含碳、氢原子外,还含有如氧、硫、氮等杂原子的化合物)所占比例越小,则意味着页岩油品质越好。T. Dijkmans 等[57-58]结合多种方法对页岩油中含硫化合物和含氮化合物的种类和组成比例进行了研究,认为硫氮化合物在页岩油中分别占到了 2.2%和 4.2%的比例,总体上页岩油的品质较好。

王擎等[59-61]研究了热解终温对桦甸油页岩干馏得到的焦油性质的影响,研究结果显示:环烷烃转变为芳香烃的程度会随着热解终温的升高而愈加明显,提高热解终温有利于长链脂肪烃断裂为短链脂肪烃,提高页岩油的品质。

刘娟等[62]进行了不同升温速率下油页岩的干馏试验,认为增加升温速率会提高页岩油的密度和黏度,但不会显著改变页岩油的发热量。Y. R. Huang 等[63-64]分析了升温速率对油页岩热解产物产量的影响规律,认为加大升温速率会抑制热解产物的二次反应,同时降低产物的馏分。

J. Shi 等[65-66]研究了沥青作为中间产物的油页岩的热解特性,得到烃类气体生成的主要温度区间为 360~440 ℃,氢气主要来源于脂肪族化合物在芳构化过程中的脱氢反应,页岩油的主要组成成分为烷烃和烯烃化合物,油页岩热解后有机质中的芳香族化学物大部分转移到了页岩油和半焦产物中。

A. Sadiki 等[67]分析了不同干馏温度下油页岩的热解行为,认为温度处于 520~630 ℃的区间内页岩油的产率较高,而且该温度区间有利于页岩油的脱硫,降低杂原子化合物在页岩油中的比例。

X. D. Yu 等[68-69]认为油页岩热解形成油气的二次反应会影响到最终产物的品质,降低页岩油的回收率。适度的二次反应可以使得重质组分裂解为轻质组分和烃类气体,提高页岩油中轻质油的含量。

J. Hruljova 等[70-71]总结了油页岩热解生成油气的过程,认为干酪根的裂解主要包括初次热解和挥发分的二次反应。高温下有机质化学键断裂形成大量的长度不等的自由基(也称为游离基,指共价键发生均裂而形成的具有不成对电子的基团),自由基之间相互结合形成初级产物,这些产物在反应釜内逸出的过程中会发生二次反应,从而形成最终产物。

X. Ru 等[72-73]建立了干酪根的分子模型,进行了不同温度区间(100~1 000 ℃)下干酪根热解的分子模拟。结果表明:有机质的热解反应主要为自由基反应,可将有机质的热解过程分为三个阶段。第一阶段为有机质弱键断裂形成自由基和小分子气体的过程;第二阶段为脂肪链强键断裂的过程;最后一个阶段为脂肪链剩余化学键断裂的过程。

J. G. Na 等[74-76]研究了温度对页岩油率的影响特征,认为热解温度处于 400~600 ℃之间时页岩油产率随着温度的升高而增加,当温度超过 600 ℃时页岩油产率减小,过高的温度不利于页岩油回收,热解温度控制在 500~550 ℃之间较为合适。

张晓亮[77]研究了依兰油页岩和龙口油页岩有机质的热断裂过程,认为以脂肪碳为核心的化学键键能较弱,而以芳香碳为核心的化学键键能较强,有机质的热断裂以前者为主,尤其是脂肪链上 C—C 键的断裂。在油页岩热解过程中,脂肪链的断裂对热解产物的贡献处于 68.6%~72%之间。

S. Wang 等[78-80]分析了升温速率对油页岩热解产物性质的影响规律,认为在升温速率增大过程中,页岩油中的氢碳比、氧碳比均在减小,页岩油组分中的芳香烃和饱和烃含量也在降低。A. Y. Al-Otoom 等[81-83]却认为升温速率对页岩油中的氢碳比影响较小,而且页岩油组分中的芳香烃含量随着升温速率的增加而减小。

W. Wang 等[84-86]通过高温载热热解设备分析了二次裂解反应对油页岩热解产物特性的影响机理,认为油页岩热解产物二次裂解反应的主要影响因素为热解温度和热解时间,当热解温度较高且热解时间较长时,页岩油的二次裂解反应加剧,产生更多的烃类气体,同时页岩油的产率降低,其组分中饱和烷烃的含量降低,而不饱和烯烃的含量提高。

E. M. Suuberg 等[87-88]对油页岩的热解机理和热解过程进行了系统研究,认为热解产物的形成主要可分为三个过程:有机质大分子弱桥键断裂,主体结构形成胶质结构;胶质结构继续断裂或者缩合形成初级挥发分;油气产物在高温环境下运移和扩散的过程中发生二次反应,从而形成最终产物。

Z. H. Lu 等[89-90]利用 TG-MS(热重质谱联用技术)的手段研究了油页岩热解过程中有机质和矿物质的相互影响特征,认为蒙脱石可能促进有机质重质成分裂解为轻质成分和半焦,该促进作用在较低的热解温度下就会发生。Z. B. Chang 等[91-92]同样研究了矿物质对桦甸油页岩热解产物的影响特征,认为碳酸盐会促进页岩油的产出,抑制长链脂肪烃的裂解,而硅酸盐抑制页岩油的产出,促进脂肪烃的裂解和芳构化。芳香烃的焦化作用是导致页岩油产量变化的主要原因。

J. S. Aljariri Alhesan 等[93-95]进行了油页岩长期低温干馏试验,认为温度控制在 300 ℃左右进行长时间热解获得的页岩油产率较高,其组分以脂肪族化合物为主,但页岩油中的硫含量也很高。

J. Maes 等[96-97]认为油的原位提质主要取决于化学反应的活化能和热解温度,降低反应焓是一个重要参数,需要准确评价。

M. W. Amer 等[98-100]同样在半连续装置上进行了约旦油页岩的低温干馏试验,在 320 ℃条件下,页岩油回收率随着反应时间的延长而提高,在 21 d 的反应时间下得到了较高的柴油馏分。之后他们还进行了在不同热解温度（360～540 ℃）下高硫分油页岩的热解试验，认为随着热解温度的提高，页岩油的回收率和品质在逐步变好，要想获得成熟的油品需要进行深度脱硫工作。

整体上，上述研究得到了直接干馏条件下油页岩干酪根的产油、产气规律以及裂解反应机理，同时阐述了影响油气产物产量和质量的因素，这可为油页岩原位开采工艺的实施提供一定理论依据。

1.3.2　不同工况条件下油页岩的热解特性

在石油行业中，往往通过加氢精炼的方式来改善原油品质。一些学者研究了氢气气氛下油页岩的热解特性。Y. Y. Shi 等[101-103]进行了油页岩加氢热解和页岩油加氢精制的耦合试验，试验结果表明在氢气气氛下页岩油的品质提升，含硫和含氮化合物含量大幅减少，轻质馏分含量增加。柏静儒等[104-106]进行了油页岩与生物质的共热解试验，发现氢供体的存在对油页岩的热解影响显著，油页岩在高温热解过程中氢供体会抑制大分子的缩合反应，增强其裂解过程。结合 TG-FTIR（热重-傅里叶红外光谱）技术进一步研究表明：油页岩与生物质共同热解会减少有害物质的形成。余智等[107-108]对油页岩催化加氢的反应条件进行了研究，认为油气产物的采收率随着热解温度的增加而提高；随着热解时间的增加，油气采收率表现为先增加后减小的趋势；而催化加氢的初始压力对油气产物采收率的影响不明显。

还有一些学者研究了辐射加热条件下油页岩的热解特性。M. B. Chanaa 等[109-111]进行了微波热解油页岩的研究，认为以微波作为传热介质热解油页岩所需的热解时间较短，与常规干馏相比，微波热解油页岩所获得的页岩油产量较少，但其中轻质组分含量更高，杂原子含量（硫和氮）更少，油品较好。周国江等[112-113]进行了油页岩有机质的微波萃取试验，认为在微波作用下 CS$_2$-NMP 溶剂的萃取率最高可达 11%。X. Z. Lan 等[114-116]进行了油页岩热解产物析出特性的试验分析，得到了微波热解油页岩的最优工艺参数，即控制 1 600 W 的微波功率、800 ℃的热解终温，在该条件下油气的回收率可分别达到 9% 和 16.3%。但该研究仅仅停留在实验室研究阶段，无法有效指导现场工艺。

白奉田等[117-118]进行了局部化学法热解油页岩的室内研究试验，通过该方法热解的油页岩的气体产物成分主要为 C1～C4 烃类气体，有机质热解形成的页岩油中脂肪族化合物含量最高，杂原子化合物含量也有 13.54%，认为通过此法热解油页岩得到的页岩油品质较好，反应过程容易控制，产油率较高。杨阳等[119-120]进行了高压工频法裂解油页岩的试验，认为油页岩裂解得到的气体成分以小分子的烃类气体为主，页岩油组分以 C16～C24 的中等分子为主。

J. David Tucker 等[121]分别以水、氮气、二氧化碳和超临界二氧化碳为介质热解油页岩，结果显示超临界水热解获得的页岩油产率更高、油品更好，但超临界水的制备工艺极其复杂，成本较高，不具有可实施性。H. F. Jiang 等[122-123]研究了水热预处理后的油页岩热解过程，认为水热预处理可以提高有机质热解形成的页岩油产量，增加页岩油元素中的碳和氢含量，增加页岩油组分中的烷烃所占比例，抑制芳香碳的形成，同时得到了水热预处理的最优温度（200 ℃）和最优时间（2 h）。K. J. Lee 等[124-125]研究了油页岩油气藏干酪根生烃的原位提质工艺，发现富水油页岩油气藏注入热水后，总产烃量远高于电加热热解获得的产烃量，说明两者的机理有很大不同。M. D. Lewan 等[126-127]进行了近临界水提取油页岩有机质的试验,发现当温度为350 ℃时近临界水对有机质的提取率较高,提取得到的物质中的C15烷烃要远高于无水提取得到的提取物。何里等[128-129]在控制温度为350 ℃下进行了近临界水长时间提取有机质的模拟试验,认为沥青质的提取率随着提取时间的延长而增加,提取物组分中含量最高的为C27正烷烃,在提取时间增加的过程中,二次裂解会导致小分子烷烃含量的增加。这些研究表明,当水的温度相对较低、热解时间较长时所获得的页岩油品质较好。但试验温度均低于油页岩有机质大量热解的初始临界温度,大量的有机质未发生热解化学反应。

A. Aboulkas等[130-132]进行了以蒸汽作为热载体油页岩的等温热解试验,当热解温度低于550 ℃时,蒸汽热解得到的页岩油回收率较高,而当温度超过550 ℃时,页岩油回收率要低于绝氧干馏得到的页岩油回收率,认为发生该现象的原因是高温下矿物质基质的催化效果明显,高温蒸汽会气化油气流体。在干酪根的裂解产物中,沥青质的含量随着温度的升高而减少。马跃等[133-135]认为油页岩在水介质条件下的热解既会经历自由基的反应,也会经历碳正离子反应。当有机质裂解形成页岩油后,其中极性较强、沸点较高的页岩油会在水介质的作用下发生二次反应。这些研究均是在室内小型的热解装置内进行的,揭示了蒸汽的热解环境利于页岩油的回收,会加剧有机质的热解。

从前人的研究中可知,选择的工况条件不同,油页岩的有机质裂解形成的油气产物的组分和产量就不同。

1.4 油页岩热解内部物性特征研究现状

1.4.1 油页岩热解微观结构的特征

油页岩在热解过程中,岩体内部会发生热破裂,当热解温度达到有机质分解的阈值点时,干酪根会逐步发生裂解反应,从而在岩体内部形成孔隙和裂隙,为油页岩的快速热解以及流体的运移提供通道。

杨栋等[136]很早就通过显微CT方法研究了热解温度对油页岩内部微观结构的影响规律,结果显示在升温过程中油页岩逐步从致密低渗透岩石转变为多孔高渗透介质,当热解温度达到600 ℃时,油页岩内部孔隙团大量连通,孔隙度高达40%。L. S. Yang等[137]对不同温度下油页岩内部的孔隙结构进行了压汞测试,得到孔隙度和孔径均会随着温度的升高而增大,当温度达到600 ℃时,油页岩孔隙度可达34.6%,该结果与杨栋等的研究结果较为接近。Y. H. Sun等[138-140]研究了温度(100~800 ℃)对桦甸油页岩热解的影响以及热解过程中孔隙结构的演化特征,结果显示热解温度会显著影响油页岩的化学成分和孔隙变化,热解产物的运移导致了孔隙表面粗糙性的增强,在350~450 ℃的热解温度范围内油页岩的渗透性明显增大。Y. P. Gao等[141]通过处理剂对油页岩样品进行了处理,处理后的油页岩孔隙度和热解率均可提高25%。Z. J. Liu等[142-144]结合低压氮气吸附法和压汞法研究了原位热解对油页岩孔隙结构的影响规律,认为350~540 ℃是油页岩有机质热解的主要温度区间,热解温度从350 ℃增加到600 ℃的过程中,油页岩的孔隙度、孔径和比表面积迅速增大。综合这些研究结果可以得知,当热解温度超过350 ℃时,油页岩孔隙度增加明显,而当热解温度达到600 ℃时油页岩孔隙度极大。

许多学者细致研究了油页岩在热解过程中不同类型孔隙结构的相互转变特征。J. T. Schrodt 等[145-146]研究发现在氮气气氛下油页岩低温段会形成黏性较大的胶质体,从而对孔隙起到部分堵塞作用,使得孔隙比表面积减小;在空气气氛下中孔体积随热解温度的升高而增大。J. Han 等[31]结合氮气吸附脱附方法和扫描电镜手段研究了农安油页岩的热解特性,结果显示大孔所占比例随着温度的升高而增大,当温度达到 550 ℃时,油页岩的比表面积以及微孔、中孔的孔容显著增大。张少冲等[147-148]对不同燃烧温度下油页岩内部的孔隙结构进行了等温吸附脱附试验,认为燃烧后的油页岩内部孔隙形状基本表现为缝形,内部孔隙主要以微孔和中孔为主;油页岩比表面积受中孔和微孔比表面积的影响较大。

同样还有学者对油页岩热解过程中的裂隙特征进行了分析。T. Saif 等[149-150]对油页岩热解前后内部裂隙结构的物理变化特征进行了显微 CT 分析,结果表明,在 400~500 ℃的热解过程中,油页岩内部形成了主要沿干酪根富集的层状结构发育的微尺度连通孔道。T. Saif 等[151]还进一步通过原位同步显微 CT 技术对油页岩热解过程中裂隙结构的演变特征进行了实时扫描,在 354 ℃的热解温度下观测到了孤立的微裂隙;热解温度为 378 ℃时有机质开始裂解,油页岩内部形成贯通的裂隙;认为裂隙的发育不仅依靠有机质的裂解,还依靠邻近裂隙的动态扩展。L. Ribas 等[152]认为热解前后油页岩结构主要的变化体现在岩石结构上,热解后形成了明显的平行于层理方向的裂隙,而且有机质含量越高,裂隙发育越明显。上述的研究深度总结了油页岩热解过程中孔隙和裂隙结构的变化规律,但油页岩的热解的工况条件均为直接干馏,岩体均处于无应力状态,而且加热方式归根结底为传导加热。

耿毅德等[153-154]通过显微 CT 和 MIP 相结合的方法对高温、高压下油页岩孔隙、裂隙结构的演变进行了系统分析,认为 300~500 ℃是油页岩孔隙度以及裂隙数量显著增加的阶段。随着压力的增大,油页岩的孔隙度和裂隙数量表现为先增后减的趋势。虽然该研究过程中油页岩受到应力的约束,但油页岩的加热方式依然是传导加热。

J. Y. Zhu 等[155-157]进行了微波加热对油页岩内部微观结构的影响研究,试验结果显示微波加热后油页岩表面形成很多裂隙面,微波高的输出功率会导致岩体内部形成复杂的物理变化和化学反应,包括内部压力的升高和矿物质的分解。在该研究中油页岩的加热方式为辐射加热,但是对于辐射加热的研究均为零散的探索,迄今并未形成可指导现场工艺的可靠技术。

总体上,前人的研究集中在温度对无应力约束状态下油页岩微观结构的影响,加热方式也主要为传导加热。李翔[158]对对流加热模式下的油页岩孔隙结构进行了研究,发现经蒸汽对流加热后油页岩的孔隙度要高于传导加热后油页岩的孔隙度,但也仅仅进行了 550 ℃这一个温度点的试验。注蒸汽热解油页岩过程中,油页岩会经历复杂的物理变化和化学反应,岩体内部孔隙和裂隙既是有机质裂解产物运移以及流体流动的通道,也是岩体内部热量交换和传递的场所,当下甚少有学者系统研究对流加热模式下油页岩内部孔隙和裂隙的演变规律。

1.4.2　油页岩热解渗透特性的演变

孟巧荣等[159]对抚顺油页岩的热破裂特征进行了分析,认为油页岩热破裂的阈值温度为 300 ℃,低于阈值温度时热应力在油页岩的起裂过程中占主导作用,而高于阈值温度时有机质的裂解和热应力共同主导油页岩的热破裂。

G. Y. Wang 等[160-161]进行了高温及三轴应力下抚顺油页岩的渗透率测试试验,认为在垂直层理方向上和平行层理方向上油页岩渗透率突变的阈值温度分别为 450 ℃和 400 ℃。A. Rabbani 等[162]主要对油页岩热解过程中的各向异性特征进行了研究,认为在热解段油页岩沿着层理方向的渗透率远高于垂直层理方向的渗透率。

康志勤等[163-165]对不同温度作用下油页岩的内部结构和渗透率特征进行了显微 CT 扫描,发现当干馏温度超过 350 ℃时油页岩内部开始大量形成裂隙,而且在热解段裂隙数量随着温度的升高而增加。康志勤等[166]还计算了不同温度下油页岩试样真实三维数字 CT 岩芯的逾渗概率,认为当孔隙度高于 12%时,孔隙连通团的连通性很好,渗流通道连接通畅,易于油气的产出和高温流体的注入。

A. K. Burnham 等[167-169]建立了干馏过程中绿河油页岩孔隙度和渗透率变化的数学模型,预测得到了成岩作用期间油页岩孔隙度与有机质含量的函数关系,计算得到了原位干馏时孔隙度与油页岩品位、干酪根转化率的定量关系,认为渗透率与油页岩品位、馏分间呈现为修正的 Kozeny-Carman(科泽尼-卡尔曼)关系。

F. K. Dong 等[170-171]进行了高温及三轴状态下吉木萨尔油页岩渗透率的测试试验,认为 500 m 埋深的油页岩渗透率快速增加的阈值温度处于 200~250 ℃之间,而 1 000 m 埋深的油页岩渗透率的阈值温度处于 350~400 ℃之间。

李强[172]也进行了三轴应力下油页岩渗透性的测试试验,得到温度从 130 ℃增加到 600 ℃的过程中,油页岩渗透率的变化可分为三个阶段:第一阶段的温度为 20~250 ℃,在该阶段渗透率增大明显;第二阶段的温度为 250~400 ℃,由于干酪根的软化造成了部分孔(裂)隙的堵塞,渗透率减小;第三阶段的温度为 400~600 ℃,大量孔裂(隙)的发育导致渗透率增加。

Z. J. Liu 等[142]研究了油页岩渗透率与热解温度以及孔隙压力的关系,得到了不同的结论,认为 350 ℃是渗透率变化的阈值点,该温度以下油页岩渗透率极低;热解温度从 350 ℃提高到 550 ℃,渗透率显著增大;热解温度继续增加,渗透率增加速率缓慢。

在以上对于油页岩渗透特性的研究中,大部分研究集中在高温三轴应力下油页岩渗透率的演变特征,油页岩的加热方式依然为传导加热,氮气仅作为保护气体。研究高温蒸汽热解下油页岩渗透率的演变特征对注蒸汽原位热解油页岩工艺的设计具有指导意义。

1.5　主要研究内容

本书以注蒸汽原位开采油页岩工艺为背景,设计注蒸汽原位热解大块油页岩的室内模拟试验,得到油页岩块体的宏观变形规律和油气产出特征;进行大尺寸油页岩原位压裂热解的物理模拟试验,在物理模拟试验后采集注热井和生产井之间不同位置的油页岩矿层样品,对平行层理方向和垂直层理方向油页岩的孔隙和裂隙结构进行系统分析,同时进行原位状态下油页岩不同热解形式的数值模拟研究;设计注蒸汽热解油页岩开采油气的长距离反应系统,研究蒸汽不同热解温度下油页岩细观结构及渗透率的演变特征,系统分析油页岩热解产生的油气产物品质,得到蒸汽热解油页岩的提质机理和产物特性。通过本次研究可以综合确定注蒸汽热解油页岩合理的工艺参数,为过热蒸汽原位热解油页岩工艺的确定提供一定指导。具体研究内容如下:

(1) 注蒸汽原位热解大块油页岩宏观变形规律和油气产出特征

利用自主研制的对流加热原位开采模拟实验台和地应力模拟系统,进行原位状态下注蒸汽开采大块油页岩的热解试验,实时记录油页岩热解过程中蒸汽压力和试样的应力-应变特征,细致分析蒸汽作用下油页岩的产油、产气规律,同时对热解后油页岩不同位置的热解效果进行动力学研究。

（2）大尺寸油页岩原位压裂热解后岩体内部孔隙和裂隙演化规律

以大尺寸油页岩试样作为研究对象,通过 1 000 t 大型压力机对大尺寸油页岩试样施加荷载,从而模拟油页岩所处的原位地应力状态,实施油页岩原位注蒸汽开采油气的物理模拟试验,在物理模拟试验后采集注热井和生产井之间不同位置的油页岩矿层样品,对油页岩的孔隙和裂隙结构进行压汞测试和显微 CT 扫描,研究平行层理方向和垂直层理方向油页岩孔隙和裂隙结构的演变特征,得到注热井和生产井间渗流场的分布特征。进行原位状态下油页岩不同热解形式的数值模拟分析,为原位注蒸汽开采油页岩技术的应用推广提供一定的基础。

（3）不同温度下注蒸汽热解油页岩细观结构特征的研究

设计长度为 4 000 mm 的油页岩蒸汽热解高温、高压反应釜,反应釜的一端为注气端,另一端为出气端,釜体的侧面布置等间距的测点,每个测点上布置温度传感器,从而监测釜体内部不同位置的温度。在反应釜的不同测点位置放置提前钻取的油页岩试样,通过温度采集系统可以得到不同测点的终温,这样就可以得到不同热解温度下的油页岩。对每个样品进行压汞测试,这样可以得到孔隙度和孔径分布等反映油页岩样品孔隙结构的参数;通过显微 CT 扫描可以获得岩体裂隙的数量、平均长度以及张开度等反映油页岩裂隙结构的重要参数;通过构建油页岩裂隙结构的三维数字模型可以直观呈现岩体内部裂隙的连通和分布情况;最后对油页岩热解后的粉末进行红外光谱测试和成分分析,得到不同热解温度下油页岩有机质热解的程度;由此可以对注蒸汽热解油页岩的效率进行评价。

（4）注蒸汽热解油页岩渗透特性及各向异性演变规律的研究

利用耐腐蚀气液两相渗透仪对不同轴压、围压组合下油页岩在平行层理和垂直层理两个方向的渗透率进行了测试,获得油页岩在平行层理和垂直层理两个方向的渗透率随蒸汽热解温度的变化规律;同时进行了两种热解方式（直接干馏和对流加热）下油页岩渗透率的对比分析。通过 Avizo9.0 软件对油页岩内部的渗流通道进行流场模拟,综合渗透率测试结果和流场模拟结果揭示蒸汽热解温度对油页岩渗透率各向异性系数的影响规律。

（5）蒸汽热解温度和热解时间对油页岩热解产物特性的影响研究

进行不同热解温度下注蒸汽热解油页岩的试验,对收集到的页岩气和页岩油进行成分检测,从而得到蒸汽热解温度对油页岩热解产物特性的影响规律。综合考虑油页岩热解产物的品质和产量,确定合理的热解温度,进而控制热解温度不变,研究长时间热解对油气产物品质的影响,由此可以综合得到注蒸汽热解油页岩的合理工艺参数。

注蒸汽开采油页岩过程中岩体的宏细观演化规律和干酪根裂解形成的油气品质是油页岩原位开采技术实施的重要规律。由此本书进行注蒸汽热解油页岩开采油气提质的系列试验,研究内容主要包括产物的化学改性和油页岩固体的物理改性两个方面。其中,化学改性的研究重点集中在不同反应参数（热解温度以及热解反应时间）对油品改善的影响规律,物理改性的研究则主要指油页岩矿体热解过程中其内部细观结构和渗透率的演变特征以及宏观变形规律,进而得到注蒸汽热解油页岩的物化改性特征和机理。

第2章　注蒸汽原位热解大块油页岩宏观变形规律和油气产出特征

　　油页岩原位注蒸汽开采工艺的核心是在地下构建起油页岩的热解环境。首先在目标靶区进行群井施工,建造出注热井和开采井,井间距根据油页岩储层的不同,由几十米到几百米不等,然后通过压裂连通注热井和采油井,构建起高温蒸汽进入油页岩矿层的通道。油页岩在压裂-热解过程中,其形态、强度和渗流特性等发生改变,从而引起围岩应力场和变形场的变化,故研究注蒸汽原位热解油页岩围岩的宏观变形规律是极为必要的。

　　在本章中,我们将油页岩试样浇筑为大块的立方体结构,然后置入压力控制系统中模拟其原位应力状态,通过太原理工大学自行研制的对流加热原位开采模拟实验台进行注蒸汽原位热解大块油页岩开采油气的试验,在试验过程中实时记录大块油页岩试样在三向应力和过热蒸汽共同作用下的应力-应变规律,对其发生机理进行研究;另一方面,对油气的产出效果、气体组分和油页岩干馏效果进行测试与分析,为原位开采油页岩干馏气体的回收提供帮助。

2.1　试验系统与方法

2.1.1　试样制备

　　在进行过热蒸汽原位热解油页岩的模拟试验中,试样的制作过程如图 2-1 所示。用混凝土浇筑大块的油页岩样品,制作后的试样为 300 mm×300 mm×300 mm 的立方体。试样充分干燥后,通过磨光机在试样表面磨出井字形的导流槽,以利于油页岩热解产物的流出,同时在试样中部进行钻孔取芯工作,钻孔直径为 32 mm,深度为 200 mm,作为注热管插入的位置。注热管主要由花管和套管组成,下端为花管,作为过热蒸汽热解油页岩的通道,中部缠有盘根,用来密封加热管和孔壁间的空隙,上端为带有螺纹的套管,同样起到密封保温的作用。

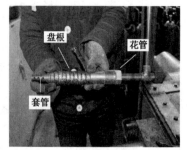

（a）混凝土浇筑试样　　　　　（b）加工后试样的钻孔和导流槽　　　　　（c）注热管的结构

图 2-1　试样的制备过程

2.1.2　试验系统

地应力模拟通过济南巨能液压机电工程有限公司生产的大尺寸真三轴压力机实现,能够实时测量试样上所加载的轴压、围压、轴向位移、横向位移和纵向位移,并且进行实时控制,如图 2-2 所示。该压力机主要由试样加载框架、轴向和侧向液压油缸加载系统、数控液压仪以及其他辅助装置组成。对试样施加 3 MPa 的垂直应力和 4 MPa 的水平应力(图 2-3),蒸汽发生器产生的过热蒸汽通过注热管对原位状态下的试样进行热解,数控液压仪可以实时监测热解过程中试样的应力-应变特征。

图 2-2　大尺寸真三轴压力机

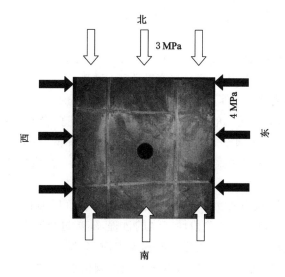

图 2-3　应力施加方案

2.1.3　试验过程

① 准备工作完成后,将试样放入地应力模拟实验台上,加 1 MPa 的围压,将试样固定。安

装过热蒸汽注入管,并且将该管与过热蒸汽发生器相连接,安装好以后,给试样加 0.5 MPa 的轴压,待试样稳定后,调节液压控制系统,给试样分别加载 3 MPa 的轴压和 4 MPa 的围压。

② 试样安装完成后,将水注入过热蒸汽发生器中,关闭所有阀门,开始加热。

③ 随着加热的持续,过热蒸汽发生器中的温度和压力不断升高,打开放气阀门,加快蒸汽在过热管中的流动速度,提高过热蒸汽注入油页岩中的温度。当过热蒸汽温度达到 300 ℃时,关闭放气阀门,继续升温。

④ 当蒸汽压力达到 10 MPa 时,将过热蒸汽导入试样中,此时的过热蒸汽温度大概维持在 350 ℃,压力维持在 9.1 MPa,并且在持续加热过程中,适当调节放气阀门,以使得过热蒸汽适度地流动,提高过热蒸汽的温度。

⑤ 在温度和压力的共同作用下,大约在 30 min 之后,开始有少量气体产出,而且该气体不燃烧,气体的产量随着过热蒸汽压力的降低而减少,当压力低于 7.5 MPa 时,产气停止。

⑥ 当产气停止后,关闭蒸汽注入阀门,以使得蒸汽发生器中蒸汽的压力和温度升高。当压力达到 11 MPa 时,打开注蒸汽阀门,继续将过热蒸汽注入试样中;当产气再次停止时,重复该操作。

⑦ 反复以上操作,待持续注热蒸汽 90 min 以后,产生的气体可以点燃,但是非常微弱;随着蒸汽的持续注入,产生气体的有机产物越来越多,火焰逐渐明亮;待注热蒸汽持续 290 min以后,气体产物不再燃烧,但是由于试样的变形仍然明显,所以加热还在持续。

⑧ 持续注热蒸汽 300 min 以后,试样变形趋于平缓,随后关闭注热蒸汽阀门,关火,实验结束。

2.2 热解过程中试样的应力特征

在过热蒸汽原位热解油页岩的过程中,油页岩内部的薄弱胶结面会在高温、高压蒸汽的作用下发生破裂,从而增大岩体内部的热交换面积,过热蒸汽沿着破裂面对岩体进行加热,有机质分解后油页岩内部形成了较多的孔洞,而热解生成的油气在运移过程中又会进一步拓宽孔洞裂隙,从而形成了庞大的渗流通路。同时,由于油页岩内部裂隙的不断发育扩展以及过热蒸汽的持续注入,油页岩固体中分子键的内聚力降低,从而减小了油页岩的抗张强度,使油页岩更容易发生张性破裂。在过热蒸汽热解过程中蒸汽压力随热解时间的变化规律如图 2-4 所示。

从图 2-4 可以看出,随着油页岩热解的进行,过热蒸汽压力在 0.1～11.1 MPa 之间变化,究其原因,油页岩的热破裂是阶段性扩展的过程,随着过热蒸汽的不断注入,裂隙尖端所受应力逐步增大,当应力值达到裂隙起裂的阈值点时,裂隙发生扩展,扩展过程也是能量释放的过程,表现为应力的减小,一旦应力低于起裂的阈值点,裂隙停止扩展;而后裂隙尖端再次产生应力集中现象,裂隙继续扩展,故油页岩内部裂隙扩展的过程表现为"应力集中-裂隙扩展-应力减小-应力再次集中"的不断循环过程。

油页岩发生张性破裂的临界状态为:

$$p - \sigma_v \geqslant T_0 \tag{2-1}$$

式中　T_0——油页岩的抗张强度,MPa;

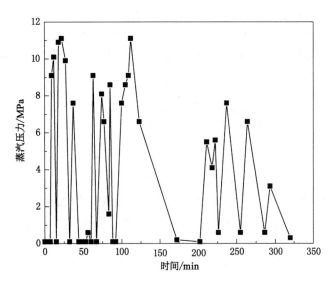

图 2-4　热解过程中蒸汽压力的变化

p——过热蒸汽的压力，MPa；

σ_v——垂直应力，MPa。

油页岩的各向异性明显，在过热蒸汽热解油页岩的过程中，油页岩内部不同位置颗粒的热膨胀系数不同，这就导致了试样在水平方向受力状态的改变，图 2-5 显示了热解过程中试样所受的水平应力差随时间的变化趋势。

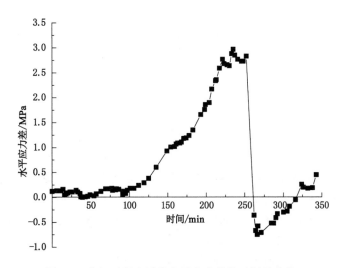

图 2-5　热解过程中试样水平应力差随时间的变化

在图 2-5 中，水平应力差为图 2-3 所示的南北方向水平应力与东西方向水平应力的差值。热解时间为 0~252 min 时，水平应力差几乎随着热解时间的增加而不断增大，水平应力差最大值为 2.95 MPa，在该时间段内南北方向为最大主应力方向，裂隙会垂直于南北方向扩展，且破裂程度愈加明显，因为在本次试验中，油页岩层理的方向垂直于南北方向，层理面发生张拉脆性断裂，表现为垂直南北方向地张开，导致了南北方向应力的增大。热解时间为 256～316 min 时,最大水平应力差为 0.75 MPa,在该时间段内原位状态下的油页岩层理面间的岩体在高温、高压蒸汽作用下发生剪切破坏,导致东西方向的水平应力要大于南北方向的水平应力,东西方向为最大主应力方向。整体上,层间岩体发生剪切破坏的程度要低于层理面发生张拉脆性断裂的程度。

2.3　热解过程中试样的变形特征

试样在过热蒸汽压力作用下在各个方向的应变大小随时间变化的规律如图 2-6 所示。在过热蒸汽刚开始注入试样阶段,试样在各个方向上的变化比较微弱,可以忽略不计;在第 37 min 的时候,由于过热蒸汽的持续注入,在温度和压力共同作用下,试样在垂直方向上出现了剧烈的拉伸应变,随后又被大幅压缩,但是还没有回到原样件的水平,留有较大的残余拉伸应变;随着加热的持续,试样在垂直方向上的应变在不断缩小,但是变化比较平缓,偶尔会有所波动,特别在第 262 min 的时候,拉伸应变缩小幅度较大,之后又逐渐趋于平缓。

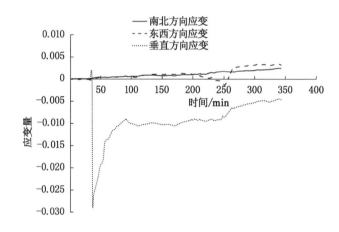

图 2-6　试验条件下的试样应变规律

在水平方向上,试样应变主要以压缩应变为主,但是在东西方向和南北方向的应变趋势又存在一些差异。在试样注蒸汽初期,试样在两个方向上的应变基本没有变化,但是在第 37 min 的时候,随着垂直方向上应变的剧烈变化,在东西方向和南北方向也开始发生压缩应变,且呈现出逐渐增大的趋势,而且在这两个方向上的压缩应变的大小在刚开始压缩阶段幅度非常接近,从第 200 min 开始,二者的变化趋势出现了较大的不同,南北方向应变始终呈现出压缩的变化趋势,而且基本为线性变化规律,但是东西方向压缩应变量开始逐渐减小,特别是在第 235 min 的时候出现了拉伸应变,在第 262 min 的时候,应变规律与南北方向应变规律相同,只是压缩应变量变大了。

当试样发生张性破裂时,破裂方向与垂直主应力方向垂直,从而在注热管周围形成多条水平裂隙,如图 2-7 所示。

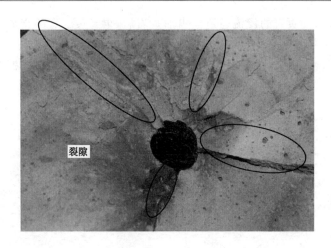

图 2-7　热解后试件的裂隙特征

2.4　油页岩热解的动力学分析

　　油页岩热解完成后,把试样取出并将其依裂隙处打开后发现,在蒸汽注入孔的加热区域的油页岩已经破碎为许多小片状和小块状,如图 2-8(a)所示,说明该区域内的油页岩已经得到充分热解,其颜色也已经由原来的黄褐色变为黑色。试样内部的热解程度会随着油页岩与加热区域的垂直距离的增加而减弱,将该部分油页岩取出后,其颜色随着油页岩与加热区域的垂直距离的变化而变化,越靠近钻孔的部位,颜色越黑,热解越充分,其主要原因是靠近加热区域的油页岩在高温作用下发生了碳化,在图 2-8(b)中,A 处距注热管出气孔的距离最近,而 C 处距注热管出气孔的距离最远。

(a) 热解后油页岩的形态　　　　　　　　　　(b) 取样位置

图 2-8　热解后的试样

　　在油页岩和混凝土交界处的油页岩热解不够充分,而且由于过热蒸汽能够渗入油页岩的微小孔隙,在孔隙中将油母质热解后,热解产物会随着过热蒸汽的流动而被带出油页岩,但是在流动的过程中,由于距离加热段较远的油页岩温度和孔隙度的限制,所以热解产物在流动过程中又会有部分产物冷凝和吸附,附着在此处的油页岩上,所以该处的油页岩呈现出暗褐色,含油率相对较高。

当热解产物通过油页岩的渗流通道溢出油页岩后，再经过二者的交界面流入压裂裂隙。在此过程中，由于交界面处混凝土的冷凝吸附作用和过热蒸汽压力的作用，使部分油页岩热解的产物又附着在了混凝土上（在压裂裂隙的最外端，由于混凝土的吸附，热解产物同样会附着在该处的混凝土上），如图 2-9 所示。

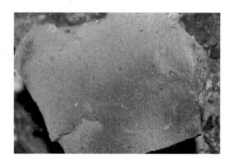

图 2-9　交界面的混凝土

试样在破裂之后，由于受到三轴应力的作用，破裂后产生的裂隙还处于压实状态，所以会对过热蒸汽的流通形成较大的阻力。但是由于过热蒸汽的压力较大，依然会沿着破裂面的裂隙形成对流，只是在过热蒸汽经过裂隙的同时，会对裂隙上下面的油页岩进行热解，热解产生的油气会随着过热蒸汽的流动带出试样外，在流动过程中，又会有少量的页岩油产物附着在油页岩和混凝土上，其余部分产物经过冷却后回收。

对热解后不同位置的油页岩进行热重试验，得到的 TG 曲线如图 2-10 所示，失重率＝1－质量分数。温度为 510 ℃时，A、B 和 C 三处油页岩的失重率分别为 0.17％、0.72％和 2.31％，而油页岩原样的失重率为 10.8％，说明各个位置油页岩均得到了充分热解；同时热解效果随着距注热管出气孔距离的增大而减弱，这是因为过热蒸汽热解油页岩的过程是消耗能量的过程，表现为越远离注热管出气孔，温度越低，热解效果相对差一些。

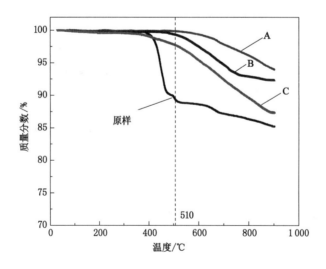

图 2-10　热解后样品的热重曲线

过热蒸汽热解油页岩的方法可以使油页岩中有机质达到较高程度的热解,热解效率较高。为了进一步研究油页岩及其残渣的热解性能,本次选择 Coats-Redfern 法对油页岩及其残渣的热解动力学进行分析,Coats-Redfern 方程的表达式为:

$$\ln\left[-\frac{\ln(1-\alpha)}{T^2}\right] = \ln\frac{AR}{\beta E} - \frac{E}{R} \cdot \frac{1}{T} \qquad (2-2)$$

式中　α——反应转化率,%;

　　　T——反应温度,K;

　　　A——前因子,min^{-1};

　　　R——气体常数,取 8.314 J/(mol·K);

　　　E——活化能,J/mol;

　　　β——升温速率,K/min。

该方程表示一直线,该直线以 $\ln\left(\dfrac{AR}{\beta E}\right)$ 为截距,$-\dfrac{E}{R}$ 为斜率,通过最小二乘法拟合可以得到活化能 E。则得到主要失重阶段(400～510 ℃)内油页岩原样及其热解后样品的活化能如表 2-1 所示。

表 2-1　油页岩原样及其热解后样品主要失重阶段的活化能

温度区间	原样的活化能 /(kJ·mol⁻¹)	A 的活化能 /(kJ·mol⁻¹)	B 的活化能 /(kJ·mol⁻¹)	C 的活化能 /(kJ·mol⁻¹)
400～450 ℃	4.804	10.582	9.532	5.935
450～510 ℃	25.396	6.294	4.151	7.177

2.5　油页岩热解的产油、产气规律分析

根据实时数据所记录的油页岩产物的燃烧状态的不同,可以将过热蒸汽热解油页岩的试验过程大致分为三个阶段:第一阶段是干馏炉内温度为 200～300 ℃,因为在这个温度段内气体产物燃烧不剧烈;第二阶段是干馏炉内温度为 300～490 ℃,在这个阶段的油页岩气体产物燃烧剧烈,燃烧火焰明亮,如图 2-11(a)所示;第三阶段为 490 ℃以后的温度段,在这一阶段内的油页岩气体产物燃烧比较剧烈,如图 2-11(b)所示。在整个热解油页岩阶段中表现出有明显的页岩油产物产出的温度区间是在 275～530 ℃。

经过使用气相色谱仪对过热蒸汽热解油页岩后的气体产物做详细分析后发现,在整个试验过程中油页岩热解气体产物的组分随时间不断变化:在过热蒸汽热解油页岩的第一阶段内,热解气体产物中以二氧化碳为主,这也从侧面说明了在第一阶段热解气体产物燃烧较微弱的原因;在过热蒸汽热解油页岩的第二阶段内,热解气体产物中以有机质气体产物为主,特别是甲烷的相对含量,在最高的时候所占的比例竟可高达 20%,所以在这一阶段内热解气体燃烧特别剧烈;在过热蒸汽热解油页岩的第三阶段内,热解气体产物中是以氢气为主,二氧化碳次之,一氧化碳含量则表现得急剧升高,由于在这一阶段内的可燃气体以氢气和一氧化碳为主,所以在该阶段内的气体燃烧表现为淡蓝色火焰。气体组分随蒸汽温度变化的趋势如图 2-12 所示。

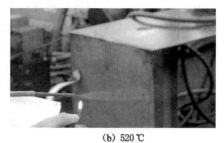

(a) 320 ℃　　　　　　　　　　　　　　(b) 520 ℃

图 2-11　油页岩热解气体燃烧特征

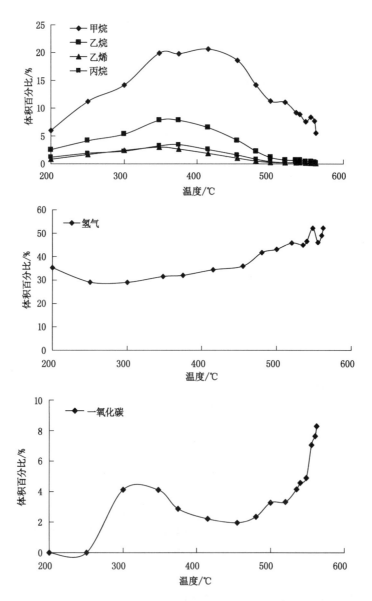

图 2-12　气体组分随蒸汽温度变化的趋势

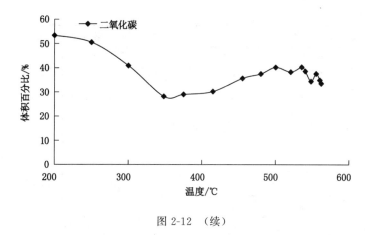

图 2-12　（续）

王擎等[173]利用傅里叶变换红外光谱分析仪（FTIR）和质谱分析仪（MS）分析了油页岩热解过程中 H_2、CH_4、H_2O、CO_2 和 CO 等气体随温度变化的趋势。在油页岩热解过程中，H_2 的产生主要发生在 350～560 ℃和 600 ℃以上的温度段内，分别由富含氢气的基质和芳香族化合物分解产生，而且产量很低。虽然 CO 的产生原因比较复杂，但是主要部分还是由于醚键、酚类和杂环氧的断裂，产量微乎其微，而使用过热蒸汽热解的方法热解油页岩，由于过热蒸汽的高温、高压作用，使得 H_2 和 CO 的产量得到了大幅提高，明显提高了气体产物的发热量。

热解过程中收集好的页岩油如图 2-13 所示，对页岩油进行气相色谱分析，所得碳数分析报告如表 2-2 所示。

图 2-13　页岩油样品

表 2-2　碳数分布数据报告

单位：%

碳数	异构烷	正构烯	正构烷	异构烯	总烯烃	总烷烃	总烃
C5	0.000 0	0.000 0	0.000 0	0.000 0	0.000 0	0.000 0	0.000 0
C6	0.000 0	0.027 8	0.059 8	0.016 2	0.044 0	0.059 8	0.103 8
C7	0.000 0	0.290 9	0.703 3	0.118 7	0.409 6	0.703 3	1.112 9
C8	0.000 0	0.999 0	2.412 1	0.352 8	1.351 8	2.412 1	3.763 9

表 2-2（续）

碳数	异构烷	正构烯	正构烷	异构烯	总烯烃	总烷烃	总烃
C9	0.000 0	1.786 8	4.061 4	0.817 7	2.604 5	4.061 4	6.665 9
C10	0.000 0	2.236 3	5.190 8	0.885 5	3.121 8	5.190 8	8.312 6
C11	0.000 0	2.416 6	5.404 8	0.807 6	3.224 2	5.404 8	8.629 0
C12	0.000 0	2.196 3	5.244 1	0.433 5	2.629 8	5.244 1	7.873 9
C13	0.000 0	2.096 4	5.284 7	0.434 2	2.530 6	5.284 7	7.815 3
C14	0.000 0	1.943 9	4.937 1	0.347 4	2.291 3	4.937 1	7.228 4
C15	0.000 0	1.801 7	4.669 3	0.336 7	2.138 4	4.669 3	6.807 7
C16	0.000 0	1.399 7	4.325 1	0.422 0	1.821 7	4.325 1	6.146 8
C17	0.000 0	1.354 5	4.238 8	0.258 1	1.612 6	4.238 8	5.851 4
C18	0.000 0	1.095 5	3.669 9	0.301 0	1.396 5	3.669 9	5.066 4
C19	0.000 0	1.055 6	3.598 6	0.244 5	1.300 1	3.598 6	4.898 7
C20	0.000 0	0.888 4	2.922 3	0.229 7	1.118 1	2.922 3	4.040 4
C21	0.000 0	0.825 1	2.534 9	0.220 7	1.045 8	2.534 9	3.580 7
C22	0.000 0	0.657 9	1.949 8	0.196 8	0.854 7	1.949 8	2.804 5
C23	0.000 0	0.445 5	1.624 2	0.131 4	0.576 9	1.624 2	2.201 1
C24	0.000 0	0.325 1	1.206 1	0.125 3	0.450 4	1.206 1	1.656 5
C25	0.000 0	0.363 3	1.005 9	0.000 0	0.363 3	1.005 9	1.369 2
C26	0.000 0	0.268 1	0.784 0	0.000 0	0.268 1	0.784 0	1.052 1
C27	0.000 0	0.179 0	0.630 5	0.000 0	0.179 0	0.630 5	0.809 5
C28	0.000 0	0.144 0	0.595 2	0.000 0	0.144 0	0.595 2	0.739 2
C29	0.000 0	0.000 0	0.492 7	0.000 0	0.000 0	0.492 7	0.492 7
C30	0.000 0	0.000 0	0.315 2	0.000 0	0.000 0	0.315 2	0.315 2
C31	0.000 0	0.000 0	0.201 1	0.000 0	0.000 0	0.201 1	0.201 1
C32	0.000 0	0.000 0	0.165 0	0.000 0	0.000 0	0.165 0	0.165 0
C33	0.000 0	0.000 0	0.135 5	0.000 0	0.000 0	0.135 5	0.135 5
C34	0.000 0	0.000 0	0.086 3	0.000 0	0.000 0	0.086 3	0.086 3
C35	0.000 0	0.000 0	0.071 8	0.000 0	0.000 0	0.071 8	0.071 8
合计	0.000 0	24.797 4	68.520 3	6.679 8	31.477 2	68.520 3	99.997 5

分析以上数据报告可以得出：使用过热蒸汽热解油页岩产出的页岩油中饱和烃含量占总烃量的 68.520 3%，不饱和烃占 31.477 2%；而在饱和烃中，正构烷占总烷烃含量的 100%；在不饱和烃中，正构烯含量占总烯烃含量的 78.778 9%，异构烯含量占总烯烃含量的 21.221 1%；正构烃占总烃量的 93.320 0%，相比于使用低温干馏技术生产的 89.57% 高出了 3.75 个百分点。天然石油矿物质中不存在不饱和烃，页岩油中不饱和烃的产生，说明在过热蒸汽热解过程中，油页岩中的油母质已经吸收了大量的热，发生了裂化反应，为页岩油的进一步高效利用提供了帮助。过热蒸汽热解油页岩还产出大量的正构烯，正构烯在页岩

油中所占的高比例,对提高页岩油的熔点和沸点起到很大的作用,提高了页岩油的品质。

不同碳原子数的烃在页岩油中所占的比例如图 2-14 所示,页岩油中烃所含碳原子数的变化趋势呈现出先增大后减小的趋势,特别是 C10、C11 的烃类所占的比例最大,达到 8% 以上,随后逐渐减小。按照碳原子个数的不同,把页岩油的蒸馏产物分为汽油(C6～C10)、煤油(C11～C13)、柴油(C14～C18)、重油(C19～C25)、润滑油(C26～C40),它们所占的比例分别为 19.959%、24.318%、31.1007%、20.551%、4.068 4%。

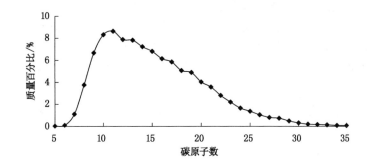

图 2-14　不同碳原子数的烃在页岩油中所占的比例

李婧婧等[174-175]进行了油页岩直接干馏产油、产气规律的研究,得到页岩油产物中汽油、煤油、柴油、重油和润滑油的比率,其大小分别为 30.874%、13.044%、17.094%、18.275%、20.714%。通过比较可以发现,过热蒸汽热解油页岩后,所得的页岩油中以中质油为主,但是轻质油含量也很大,二者含量的和占到了总产量的绝大部分;而直接干馏生产的页岩油中,虽然轻质油组分占主要部分,但是重质油组分的含量也很高。由此可以看出,与直接干馏技术相比,过热蒸汽热解油页岩可以大大提高页岩油产物的品质。

造成以上差别的原因主要是因为相比于直接干馏技术,过热蒸汽热解油页岩具有更大的优势,这主要得益于过热蒸汽的特殊性质。首先,高温过热蒸汽具有氢键度小,比热容大,缔和体的水分子个数少等特点,所以它能够减少水分子对黏土矿物的吸附,抑制了黏土矿物的敏感性,而且它能够进入油页岩微小孔隙当中,将其充分加热,将固态的油母质变为气态和液态沥青质,提高小孔隙中油母质热解后沥青的可动性,极大地增加了油页岩孔隙的渗流通道,减小了油页岩孔隙的渗流阻力。然后,过热蒸汽再与沥青质发生水裂解反应,降低了沥青质中烃类的饱和度和油母质热解后沥青质的含量。由于过热蒸汽中大量自由氢离子的存在,使得沥青质发生加氢、开环和水煤气反应,使沥青质中的长链有机质断裂,生成短链烃和饱和烃,由原来的重质烃变为了中质烃和轻质烃,大幅度增加了中质烃和轻质烃的产量,而且由于不饱和烃的生成,热解后所得页岩油的黏度也得到了大幅度地降低。所以我们可以看出,通过过热蒸汽热解油页岩得到的页岩油相比于直接干馏技术得到的页岩油,其轻质组分的含量得到了大幅度提高。

2.6　本章小结

本章在过热蒸汽原位热解油页岩模拟试验的基础上,得到了油页岩热解过程中蒸汽压力和约束应力的变化特征,同时对热解后油页岩不同位置的热解效果和产油、产气规律进行

了系统研究,所得主要结论为:

① 在模拟地应力条件下,原位注蒸汽开采油页岩分为两个过程:首先是试样在三轴应力状态下的压裂过程,随着过热蒸汽的持续注入,在温度和压力共同作用下,试样在垂直于最小主应力的方向上被压裂,而且呈现出多个水平破裂面,破裂面的数量与蒸汽注热区域的大小有关;然后油页岩的热解过程中,过热蒸汽沿着压裂裂隙热解油页岩,热解产生的油气会随着过热蒸汽的流动带出试样外。

② 随着蒸汽热解油页岩的不断进行,过热蒸汽压力在 0.1~11.1 MPa 之间变化,而水平应力差整体上表现为先增大后减小的趋势,这是油页岩层理面张拉脆性断裂和层间剪切破坏共同作用的结果。热解完成后,对油页岩半焦进行热重分析,得到在 510 ℃时各个位置油页岩半焦的失重率在 0.17%~2.31% 之间,远低于原样的 10.8%,说明了油页岩的热解较为完全。

③ 整个油页岩热解过程可分为三个阶段,并且在每一个阶段内主要的热解产物存在差异。在第一阶段内产物以二氧化碳为主;在第二阶段,则主要产生有机气体,该气体燃烧后火焰明亮;第三阶段主要产物为氢气,并且伴随着一氧化碳含量迅速升高。

④ 使用过热蒸汽热解后得到的页岩油中,饱和烃含量占总烃量的 68.520 3%,正构烃含量占总烃量的93.320 0%,相比于直接干馏所得的页岩油,饱和烃和正构烃所占的比例更高;使用过热蒸汽热解后得到的页岩油中,轻质烃和中质烃所占的比例要远高于重质烃所占的比例,相比于直接干馏所得的页岩油,轻质烃和中质烃所占的比例更高。

第3章　大尺寸油页岩注蒸汽热解后岩体内部孔(裂)隙演化规律

　　油页岩在热解过程中会经历表面水和结合水的挥发、干酪根裂解为初级产物、初级产物形成油气以及矿物质的软化和分解等一系列复杂的物理和化学过程[176-177]。油页岩热破裂、热解形成的孔(裂)隙结构不仅是良好的换热场所,而且是流体运移和排采的通道,这对有机质的热解和油气产物的采出具有重要的意义。

　　与传导加热方式相比,对流加热油页岩过程中温度从外界传递到岩体内部的速率更快,油气产物排采方式从被动排出转变为主动运移,而且高温流体会参与到干酪根的裂解反应,因此对流加热油页岩涉及的岩体内部微细观结构变化更加复杂。在 MIT 技术中,高温蒸汽沿着压裂裂缝运移进行传热和渗流时,裂缝内流体作为围岩热解的热源,在高温流体的持续作用下裂缝围岩的孔隙和裂隙逐步发育,而裂缝围岩内部的孔(裂)隙通道又作为流体热解、传热和渗流的通道,故原位开采油页岩传热-渗流过程与岩体内部细观结构发育是相互作用和相互影响的过程。

　　国内外对于对流加热下油页岩细观结构及渗透性的研究甚少。康志勤等[178]过去研究了两种加热模式(对流和传导)下油页岩的孔隙结构,但仅仅对比了 550 ℃ 一个温度点下细观结构的区别,整个试验过程中油页岩不受应力的约束,处于自由状态,没有阐明原位状态下对流加热热解油页岩细观结构的改变。对于处于原位状态下油页岩注热过程中渗透率是如何改变的以及孔(裂)隙结构是如何演变的,至今没有明确定论。

　　笔者进行了大尺寸油页岩原位压裂-热解的物理模拟试验,对模拟试验后注热井和生产井间不同位置的油页岩进行取样,对平行层理方向和垂直层理方向油页岩的孔隙和裂隙结构进行测试,明确原位状态下裂缝围岩细观结构和渗透率的演变规律。从裂缝围岩细观结构、矿层渗透率以及矿层热解效果角度出发反演高温蒸汽热解油页岩物理改性规律与机理。同时进行原位状态下油页岩不同热解形式的数值模拟分析,为原位注蒸汽开采油页岩技术的应用推广提供一定的基础。

3.1　试验方法

3.1.1　试验准备

　　此次试验所用的油页岩样品尺寸较大,质量达到 3.2 t,直径和高度尺寸大约分别为 1 400 mm 和 700 mm,如图 3-1 所示。根据该样品尺寸特制与之相匹配的筒状刚性压力室,压力室由 8 mm 厚度的侧钢板和底部钢板焊接而成。将水泥、矸石以及细砂等充分混合后铺设于大型刚性压力室底部,干燥一段时间后将大块油页岩试样(层理均在水平方向)置于该压力室中,然后填充压力室与油页岩之间空隙直至与压力室上边界齐平,待充填物充分干燥后,磨平压力室的上表面,使得试样、填充浆体与压力室形成规则的、密实的圆柱形结构,如图 3-2 所示。

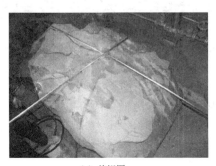 

（a）俯视图 　　　　　　　　　　　　　　　　（b）主视图

图 3-1　大尺寸油页岩试样示意图

图 3-2　试样、填充浆体与压力室形成的整体结构

将提前钻取孔眼的大块铁板放置于压力室上表面,使用钻杆进行钻孔取芯工作,钻孔深度要靠近矿层的底部位置;钻孔工作完成后,在不同孔位中下井管,井管与钻孔之间的孔隙通过盘根充填密闭;在井管内部安装热电偶至钻孔底部,并与温度采集模块和电脑连接,用于对所有钻孔中的温度进行实时采集。这些工作完成后,放置压力室于真三轴压力试验机上,这样可模拟油页岩矿层所处的真实地层压力,从而进行过热蒸汽原位热解油页岩试验,如图 3-3 所示。

大尺寸油页岩原位压裂-热解模拟系统由大型试样刚性三轴压力室、1 000 t 压力机与稳压变形测量系统、锅炉系统、试样注蒸汽及排采井网和供排调控系统、中试过程温度压力全自动检测系统、油气水冷却分离系统、管道保温及测试系统、排采流体温度检测装置、岩体破裂检测系统等 9 个子系统组成。

3.1.2　试验过程

① 先通过精密水泵向蒸汽发生器内部通入一定量的水,然后对水进行加热。当高温蒸

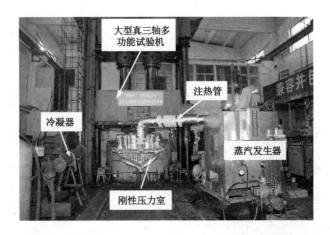

图 3-3　大尺寸油页岩原位压裂-热解模拟系统示意图

汽的温度达到 550 ℃时,略微开启注热管和刚性压力室间的注气阀门,观察整个系统的密封情况。

② 当系统一切运行正常,完全打开注气阀门,向大块油页岩试样内注入高温蒸汽,使之以对流加热方式热解油页岩,在此过程中,岩体逐步发生热破裂,高温蒸汽逐步向生产井运移。一段时间后,打开生产井阀门,使油页岩热解形成的油气产物排采到井管外,进而进入冷凝器内部进行产物的冷却和分离。

③ 在高温蒸汽原位热解油页岩期间,对各个井管内的温度变化进行实时监测。

3.1.3　样品制备

在大尺寸油页岩原位压裂-热解物理模拟试验中,井管均为外径 25 mm、内径 15 mm 的钢管,钢管上部为密封段,下部为花管,作为蒸汽注入和油气产物的管路。对注热井管和生产井管间不同位置的油页岩进行取样。两个井管的间距为 300 mm,井管间矿层厚度为 500 mm,井管的密闭段钢管与花管的分界线处于顶板基岩下方 100 mm 的位置。在分界线上方 50 mm 取样,作为第一组样品(A0~F0),在分界线下方 50 mm、150 mm、250 mm 以及 350 mm 的位置进行取样,分别作为第二组(A1~F1)、第三组(A2~F2)、第四组(A3~F3)以及第五组(A4~F4)样品,共 5 组样品,如图 3-4 所示。每组样品的横向间距为 60 mm,数量为 6,则一共取得了 30 个样品。利用砂纸对取出样品进行小心打磨,直至形状呈现为立方体状,然后将样品置于真空干燥箱进行 12 h 的干燥工作,待样品自然冷却后通过游标卡尺对样品的尺寸进行测量,用于孔隙和裂隙结构的测试试验。

3.1.4　孔隙和裂隙结构测试

（1）孔隙结构

压汞法常用于测试多孔介质的孔隙结构,其原理在于汞对固体介质的非润湿性,通过施加外界压力汞就可以进入固体内部的孔隙中,施加压力越大,汞可以进入孔径越小的孔隙中。通过记录不同压力下注入的汞量就可得到对应孔径的孔隙体积,遵循 Washburn 方程:

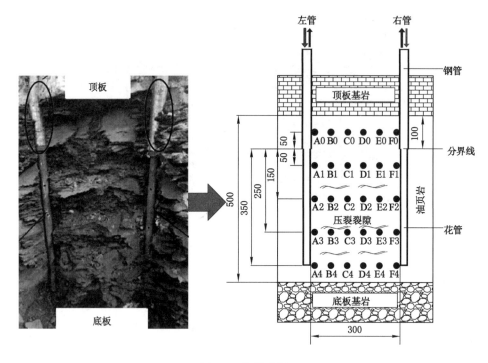

图 3-4 取样位置

$$pr = 2\gamma\cos\xi \tag{3-1}$$

式中 p——注汞压力,MPa;

r——孔隙孔径,μm;

γ——汞的表面张力,N/m;

ξ——汞与孔隙的接触角,(°)。

通过式(3-1)可以得到一系列反映岩体内部孔隙结构的参数,进而可以对孔隙结构的组成特征进行分析。本次利用 PoreMaster 33 压汞仪(图 3-5)对不同油页岩样品的孔隙结构进行测试,技术指标:可测压力范围为 1.5 kPa～231 MPa,共分为低压(1.5～350 kPa)和高压(350 kPa～231 MPa)两个测试阶段;可测孔径大小为 6.4 nm～950 μm。在试验时,先进行低压测试,再进行高压测试。

(2)裂隙结构

CT 扫描技术是无损检测技术,能够在不破坏被检测物质结构的基础上,通过 X 射线扫描得到物质的内部结构。该技术利用的是 X 射线对不同密度物质穿透能力不同的原理,所以密度的大小反映为不同灰度的像素点,在 CT 的灰度图像中,亮度越大,则代表物质的密度越高。通过 CT 扫描技术无法得到纳米尺度的孔隙特征,而可以识别微米尺度的裂隙,故通过 CT 扫描试验对油页岩的裂隙结构进行研究。试验中利用显微 CT 测试系统(μCT225kVFCB)对样品 A2～F2 和 D0～D4 内部的裂隙进行观测和分析,设定扫描电流为 140 μA,电压为 110 kV,CT 扫描放大倍数为 53.849 1 倍。

对样品进行显微 CT 扫描后可获得 1 500 层灰度图像,对其进行噪点和伪影处理后沿着纵轴方向堆叠。由于岩体内部裂隙与剩余骨架基质的密度差异较大,因此通过合理的阈

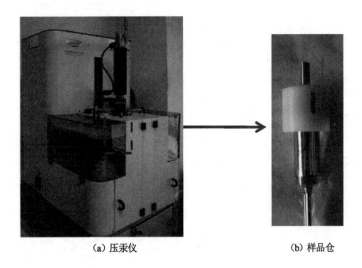

(a) 压汞仪　　　　　(b) 样品仓

图 3-5　PoreMaster 33 压汞仪

值对图像进行二值化分割,可以得到反映油页岩内部真实特征的裂隙三维分布模型,其过程如图 3-6 所示。通过上述处理就可以对油页岩内部二维裂隙数量、长度、开度以及三维空间裂隙的连通和分布特征进行详细研究。

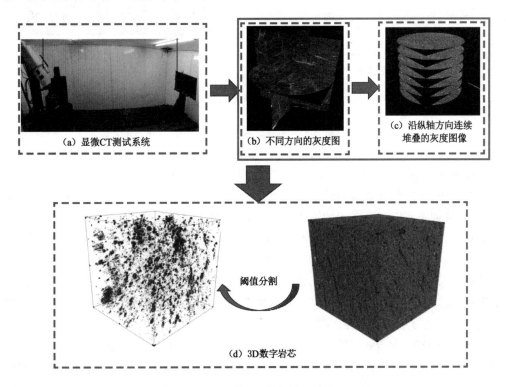

(a) 显微CT测试系统　　(b) 不同方向的灰度图　　(c) 沿纵轴方向连续堆叠的灰度图像

阈值分割

(d) 3D数字岩芯

图 3-6　显微 CT 数据处理流程

由于压汞测试后的样品无法继续进行后续的测试,故进行油页岩细观结构的试验时,先进行显微 CT 扫描测试,然后进行压汞测试。

3.2　油页岩孔隙结构的演化

在图 3-4 中,第二组样品(A1～F1)、第三组样品(A2～F2)和第四组样品(A3～F3)处于平行层理方向上。故对 A1～A3、B1～B3、C1～C3、D1～D3、E1～E3 以及 F1～F3 样品孔隙参数求均值可得到平行层理方向油页岩孔隙结构的变化特征。平行层理方向油页岩的有效孔隙率和孔径变化如图 3-7 所示。热解后的油页岩可视为多孔介质。只有相互连通的孔隙对流体在多孔介质中的流动起作用,而有效孔隙率反映的就是相互连通的孔隙体积与岩体总体积的比值[178-179]。

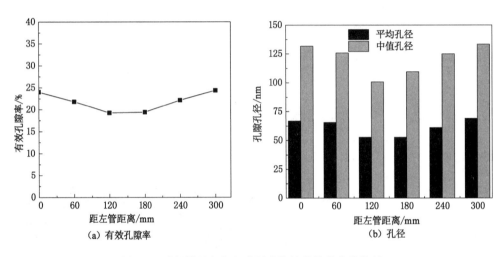

(a) 有效孔隙率　　　　　　　(b) 孔径

图 3-7　平行层理方向上油页岩孔隙结构的变化特征

在平行层理方向上,油页岩矿层中部的有效孔隙率相对较低,而靠近左右井管的油页岩孔隙率相对较高。自然状态下油页岩的有效孔隙率仅为 1.52%,而平行层理方向上油页岩的有效孔隙率处于 19.41%～24.40% 之间,达到了自然状态下有效孔隙率的 12.77～16.05 倍。究其原因,干酪根在高温蒸汽作用下大量热解,产生的页岩油和页岩气在析出过程中拓宽了孔洞,从而形成了较为庞大的渗流通道。X. D. Huang 等[180-181]的研究表明无约束状态抚顺油页岩在 500 ℃ 和 600 ℃ 下油页岩的有效孔隙率分别为 25.5% 和 26.4%;L. S. Yang 等[137]通过压汞法同样对抚顺油页岩的孔隙特征进行了研究,认为在 500 ℃ 和 600 ℃ 下油页岩的孔隙率可达到 29.76% 和 31.52%。在注蒸汽热解油页岩的过程中,地层应力会某种程度上限制岩体内部孔隙的发展,故有效孔隙率会低于无约束状态下油页岩有效孔隙率,但在岩体内部依然能够形成较为庞大的孔隙空间。

在图 3-7(b)中,中值孔径为 50% 孔容对应的孔径值。结果显示,两种孔径的变化规律较为相似,从两侧井管位置到矿层中部,油页岩孔隙的孔径逐步减小。中值孔径的最大值和最小值分别为 133.3 nm 和 100.75 nm,平均孔径的最大值和最小值分别为 69.01 nm 和 52.77 nm。高温蒸汽在运移和传热过程中能量会损失,故在平行层理的中部位置蒸汽的温度和压力均较小,有机质在该位置的热解效果要相对差一些,同时,黏土矿物的分解量相对较小。在这些因素综合影响下中部位置矿层的孔径相对较小。

　　对矿层相对中部的样品 B0~E0、B1~E1、B2~E2、B3~E3 以及 B4~E4 的有效孔隙率和孔径求均值,则得到垂直层理方向上油页岩孔隙结构的变化特征,如图 3-8 所示。图 3-4中分界线上方距离在图 3-8 中表示为正,下方距离表示为负。从图 3-8 可以发现,分界线上方 50 mm 矿层的有效孔隙率仅为 4.48%,是自然状态下油页岩有效孔隙率的 2.95 倍;而分界线下方 50~250 mm 处矿层的有效孔隙率较为接近,其值在 20.12%~21.65%之间。究其原因,按照流场的规律,在分界线上方流体流动呈弧线形,流程远,阻力大,故分界线上方的比流量很小,说明分界线上方油页岩主要依靠传导方式热解。分界线下方流体主要是直线形流动,阻力小,流程短,因而比流量很大,分界线下方油页岩主要依靠对流方式热解,其原理如图 3-9 所示。这说明热传导矿层的热解效率要远低于对流加热矿层,在垂直层理方向上对流加热区域的油页岩均得到了热解。

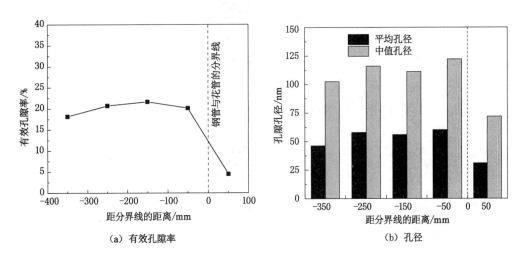

图 3-8　垂直层理方向上油页岩孔隙结构的变化特征

图 3-9　流场的规律

　　分界线上方 50 mm 处矿层的中值孔径和平均孔径分别为 71.89 nm 和 30.93 nm;分界线下方 50~250 mm 处矿层的孔径大小相差较小,中值孔径在 111.21~122.22 nm 之间,平均孔径在 56.01~60.15 nm 之间。在对流加热矿层中,垂直层理方向的孔隙也会在高温蒸汽的作用下逐步发育扩展,从而形成大规模的加热范围。

3.3 油页岩裂隙结构的演化

在高温蒸汽的热解环境下,油页岩矿层内部的裂隙结构特征必然趋于复杂。为了得到热解矿体的裂隙分布特征,对平行层理方向的油页岩样品 A2~F2 和垂直层理方向的 D0~D4 进行了显微 CT 扫描。图 3-10 为样品横剖面第 700 层的内部结构显微 CT 重建图像。

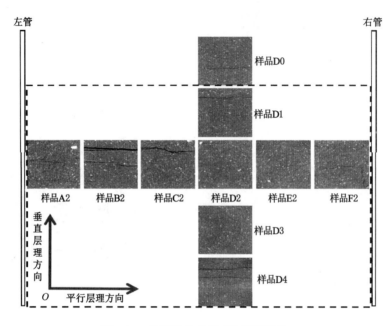

图 3-10　油页岩的显微 CT 灰度图像

从图 3-10 可以发现,由于油页岩的各向异性,不同样品内部白色的高密度矿物分布的数量和位置不同,但在高温蒸汽的作用下均保持完整性,而受热时这些矿物的热膨胀系数与邻近物质的热膨胀系数相差较大,故硬质矿物的周边同样属于易裂区,热解过程中容易形成裂纹。当岩体沿层理面的起裂扩展至矿物晶粒附近时,裂隙继续开裂的方向不会完全平行于层理方向,总而言之,在高温蒸汽热解条件下油页岩内部不存在穿晶裂隙,形成的裂隙大致平行于岩体内部的层理方向。

当油页岩不受外界应力的约束时,高温作用下油页岩的热破裂程度十分明显,岩体内部形成许多微裂隙,与大裂隙相互贯通,共同构成了较大的裂隙网络结构[180],如图 3-11 所示。在注蒸汽原位开采油页岩过程中,同样在油页岩内部形成了明显的裂隙,作为蒸汽持续注入和产物运移的有用通道,总体上裂隙发育的规模和相互连通的程度要低于无应力约束状态。

样品 A2、B2、C2、D2、E2 以及 F2 都在平行层理方向上,故对 A2~F2 的显微 CT 图像进行分析可获得平行层理方向油页岩的裂隙结构。样品 A2 和 F2 内部不仅存在显著的层理裂隙,而且发现较多垂直层理方向的微裂隙,几乎贯通了整个热解区域,油页岩发生明显地热破裂。抚顺油页岩具有明显的层理结构,层理结构的接触面为"薄弱面",强度较小,蒸汽的温度较高,受高温作用油页岩内部往往处于受拉状态,在蒸汽的热应力作用下最先发生破裂。

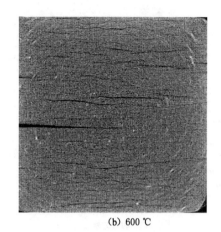

(a) 500 ℃　　　　　　　　　　　　　(b) 600 ℃

图 3-11　无应力约束状态下抚顺油页岩的热破裂图像

为了定量评价岩体内部裂隙的分布特征,需要对图 3-10 的显微 CT 灰度图像进行阈值分割,即二值化处理(裂隙与固体基质分割)[181-182]。在本书中,采用 J. N. Kapur 等[183] 提出的最大熵法进行二值化处理。J. N. Kapur 等的方法定量地考虑了图像中所有像素的灰度值,并为每个图像指定了唯一的阈值。在灰度图像中,灰度值小于阈值的像素被认为是孔隙和裂隙。在二值化处理后,利用 Malvern 图像处理系统和 MATLAB 程序提取裂隙参数,包括裂隙数量、等效长度和等效开度等。将裂隙等效为椭圆结构,认为椭圆的长轴长度为裂隙的等效长度,椭圆的短轴长度为裂隙的等效开度。

根据裂隙长度的不同将油页岩内部裂隙分为微裂隙($100\sim<500\ \mu m$)、短裂隙($500\sim<1\ 000\ \mu m$)以及长裂隙($\geqslant1\ 000\ \mu m$)三个级别,对不同级别的裂隙数量进行了统计,得到平行层理方向上油页岩不同级别裂隙数量的演变特征,如图 3-12(a)所示。从图中可以看出,平行层理方向上油页岩内部裂隙主要以长度在 $100\sim<500\ \mu m$ 之间的微裂隙为主,样品 C2 内部微裂隙数量最少,为 185 条,而样品 F2 内部微裂隙数量最多,是样品 C2 的 1.58 倍,其值为 293 条;对于长度在 $500\sim<1\ 000\ \mu m$ 之间的短裂隙,样品 A2 和 F2 数量最多,但也仅为 5 条,样品 B2 内部的长裂隙数量为 3 条。

图 3-12(b)显示了平行层理方向上油页岩微裂隙平均长度和平均开度的变化情况。从图中可以看出,平行层理方向上油页岩内部微裂隙平均长度和平均开度变化趋势较为相似,从左侧井管到右侧井管,岩体内部微裂隙平均长度和平均开度均表现为先减小后增大的特征,微裂隙平均长度从 144.26 μm 减小至 136.05 μm,而后增大到 149.59 μm,微裂隙平均开度从 68.27 μm 减小到 59.31 μm,而后增加到 68.85 μm。尺度较小的裂隙相互连接贯通成为油页岩热解的主要通道,从而为蒸汽的热解和产物的运移提供了必要条件。

样品 D0、D1、D2、D3 以及 D4 在垂直层理方向上,故对 D0～D4 的显微 CT 图像进行分析可获得垂直层理方向矿层的裂隙分布特征。样品 D0 内部仅在中下方可观察到 1 条明显的裂隙,但并未贯通整个油页岩颗粒,其他位置并未发生明显的破裂;样品 D1～D4 内部存在较多的微裂隙,几乎都是由弱胶结层理面的破裂形成的。图 3-13(a)显示了垂直层理方向上油页岩不同级别裂隙数量的变化趋势,从图中发现,在样品 D0 内部仅有 7 条微裂隙,说明热传导作用下油页岩未发生有效热解,只有极少数的弱胶结层理面发生破裂;分界线下方

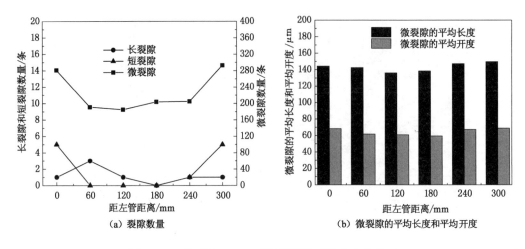

图 3-12　平行层理方向上油页岩裂隙参数的变化特征

的矿层内部裂隙同样以微裂隙为主,油页岩内部微裂隙的数量为 88~204 条,其中,样品 D2
和 D4 内部的微裂隙数量分别为 204 条和 88 条。

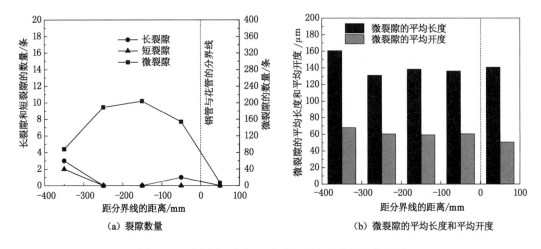

图 3-13　垂直层理方向上油页岩裂隙参数的变化特征

　　图 3-13(b)显示了垂直层理方向上油页岩微裂隙平均长度和平均开度的变化情况。从
图中可以看出,由于样品 D0 内部微裂隙只有 7 条,故该样品微裂隙的平均长度和平均开度
不具有统计学意义,总体上,油页岩微裂隙的平均长度在 131.09~160.63 μm 之间,平均开度
在 59.31~67.90 μm 之间。说明在高温蒸汽原位热解油页岩的过程中,垂直层理方向上油
页岩同样发生明显的热解破裂,裂隙开度增大,油页岩演变为高渗透多孔介质。

3.4　油页岩渗透性演化及热解效果评价

　　油页岩热解形成的油气必须通过孔隙和裂隙通道排采,因此岩体内部孔隙和裂隙发育
的程度直接决定油气产物运移和排出的效率。为了真实再现热解后三维空间中孔隙和裂隙

结构的分布,必须建立与真实岩芯内部结构完全相同的三维数字岩芯[184-185]。

选取其中的第 500～1 000 层导入 Avizo9.0 软件中,并通过恰当的阈值对这些灰度图像进行阈值分割,获得表征油页岩孔隙和裂隙的二值图像。而后将前述操作中获得的所有二值图像沿竖直方向连续堆叠,从而可实现三维孔隙、裂隙结构的重建。笔者在三维重建过程中得到了 200×200×200 像素点的三维数字模型,这样一方面是为了充分反映出油页岩内部孔隙、裂隙的连通和分布情况,另一方面考虑到了计算机在三维重建中的运算负荷。图 3-14 显示了样品内部孔隙、裂隙分布的三维图像。

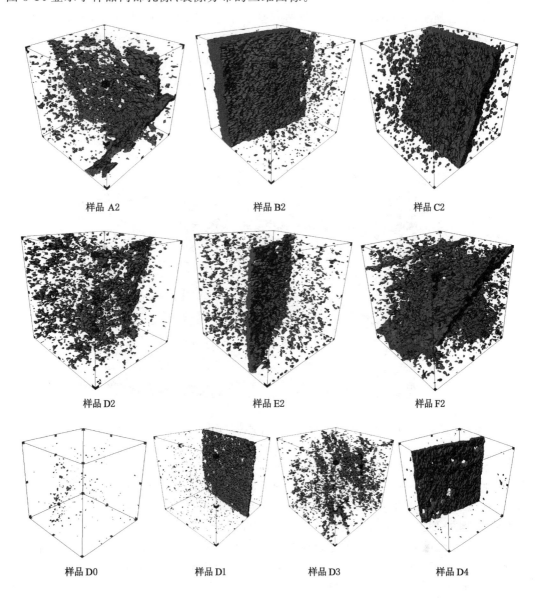

图 3-14　油页岩孔隙和裂隙的三维渲染图像

从图 3-14 可以发现,样品 D0 内部的孔隙团零散地分布在三维空间内,连通性较差,并没有形成连通模型两个相对面的渗流通道,该处油页岩几乎为不可渗透介质;样品 A2 和

F2内部有许多孔洞,裂隙的发育也十分明显,大量的孔隙和裂隙形成了连通两个相对面的渗透通道,由此充分反映了油页岩内部渗透通路具有较好的连通性。剩余样品内部发育的裂隙面同样贯通了模型的渗流通路,可为流体在空间中的运移提供通道。

油页岩内部的孔隙和裂隙分布特征直接影响到其渗透率的大小,需要对整个热解矿层的渗透性进行系统分析,从而为保证矿床的高效原位开采提供技术支持。对左右井管之间不同位置油页岩矿层的渗透率进行统计,得到整个热解矿层的渗透率的分布云图。分界线上方矿层的纵坐标为正,分界线下方矿层的纵坐标为负,则得到整个热解矿层渗透率的分布情况如图3-15所示。靠近顶板矿层的渗透率基本保持在 0.3×10^{-17} m^2 以下,而常温下抚顺油页岩的渗透率为 0.79×10^{-18} m^2,说明热传导矿层的加热效率极低,油页岩依然为低渗透岩石;分界线下方矿层的渗透率普遍超过 2.1×10^{-17} m^2,500 ℃时自由态的干馏油页岩样品渗透率为 2.4×10^{-17} m^2,说明对流加热矿层的孔隙、裂隙连通性较好,蒸汽和油气运移过程中所受的阻力较小,对流加热下致密低渗透油页岩转变为高渗透岩石;由此充分说明了热传导方式和对流加热方式热解效率的差异。

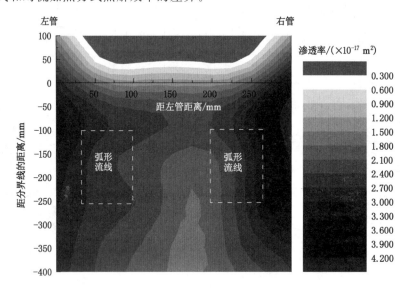

图 3-15　垂直层理方向上油页岩裂隙参数的变化特征

平行层理方向与垂直层理方向油页岩渗透率的变化特征亦不同。究其原因:一方面是因为不同位置的热解温度不同,则各种矿物颗粒的热膨胀效应不同,从而引起颗粒间变形不协调;另一方面是因为不同位置油页岩热解产物的种类和产量不同,在释放过程中引起油页岩性能改变的程度不同,故导致矿层的热破裂程度不同。

热解矿层渗透率等势线分布特征与渗透场的动态分布规律息息相关,故笔者将传热学与渗流力学理论结合并建立了油页岩原位注热开采的热-流-固耦合模型,进行了渗流场的数值模拟,得到了注热开采过程中渗流场的变化特征,如图3-16所示。很明显渗流流速以注热井为峰值向开采井方向降低,并且随着时间的延长,渗流场波及的范围逐渐向注气井以外的区域,总体上看,注热井附近的流速较大。大尺寸油页岩原位压裂-热解的物理模拟试验中左右井管均可作为注热井,故靠近左右井管附近矿层的渗透率较高,而中间位置矿层的渗透率相对较低。

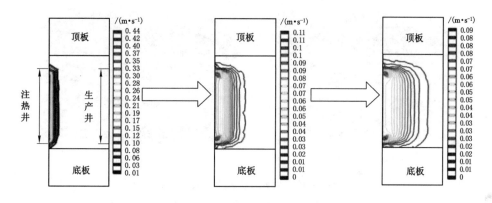

图 3-16　注热过程中渗流场的变化

图 3-17 对图 3-15 中不同渗透率热解区域所占整个矿层的百分比进行了定量统计。从图中可以看出,在整个热解矿层区域内,有 63.51% 的矿层渗透率在 $1.8\times10^{-17}\sim3.0\times10^{-17}$ m² 之间,是常温下抚顺油页岩渗透率的 23~38 倍,说明大范围矿层孔隙的连通性较好,蒸汽和油气运移所受的阻力较小。这是因为一方面,高温蒸汽作为热量的载体可以极大地扩大热交换的面积,从而较快地加热油页岩;另一方面,蒸汽能够迅速携带走生成的页岩油和热解气体,增加油气的迁移能力,最终提高油气的采收率。

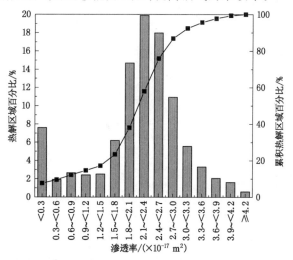

图 3-17　不同渗透率对应的热解区域百分比直方图

从大尺寸试样剖面剥离热解后的油页岩碎块,如图 3-18 所示,分别为平行层理和垂直层理的部位。由于油页岩碎块中残留水分未完全蒸发,可以清晰地看出水分在岩石裂缝中渗流过的痕迹,说明高温蒸汽在试验过程中已直接输入油页岩的微裂隙网络中,蒸汽渗流通道形成明显裂隙网络化结构,裂隙密度大,各级别裂隙交错发育,极大增加了岩石受热面积,使油页岩内部升温迅速,有机质热解充分。

不同位置油页岩的 FTIR 谱图不仅可以反映基团的类型,而且可以判断不同位置物质成分的演变特征。图 3-19 为矿层中部残渣红外光谱结果,图中所示波数为 2 922 cm⁻¹ 位置处的尖锐吸收峰为亚甲基反对称伸缩振动吸收峰,2 850 cm⁻¹ 位置处的尖锐吸收峰为亚甲

（a）平行层理面　　　　　　　　　　（b）垂直层理面

图 3-18　油页岩热解直观效果图

基对称伸缩振动吸收峰,这两处位置均为干酪根脂肪烃的特征峰(干酪根主要由脂肪烃和芳香烃组成)。图中可以看出,样品 C0 脂肪烃的特征峰强度要远高于其他样品脂肪烃的特征峰,说明样品 C0 的干酪根没有得到充分热解,而其他位置的油页岩干酪根热解较为完全,由此充分证明了注蒸汽原位热解油页岩的高效性。

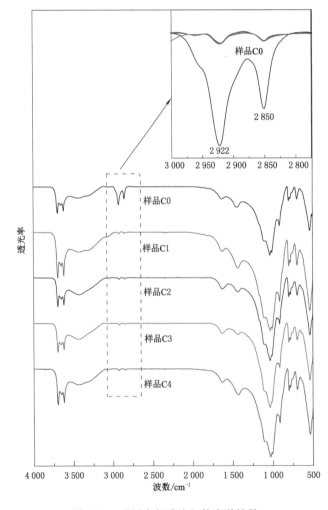

图 3-19　矿层中部残渣红外光谱结果

3.5　不同热解方式下油页岩原位注热开采的数值模拟研究

3.5.1　物理模型

目前油页岩原位注热开采较为成熟的技术为电加热和对流加热,本次建立了油页岩原位热解的热-流-固耦合模型,并采用 COMSOL Mutiphysics 有限元软件进行了不同热解方式(传导加热和对流加热)的数值模拟,得到了油页岩原位热解过程中温度场的演变特征。所建模型尺寸为 150 m(长度)×100 m(高度),油页岩矿层厚度为 60 m,顶板基岩段和底板基岩段的厚度均为 20 m,注热温度为 650 ℃,如图 3-20 所示。

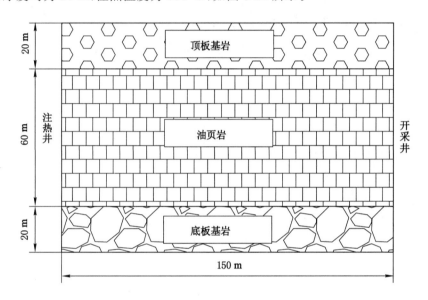

图 3-20　数值模型示意图

3.5.2　数学模型

(1)质量守恒方程

$$(k_i p_{g,i}^2)_{,i} = \rho_g \frac{\partial p_g^2}{\partial t} + 2 p_g \frac{\partial \theta}{\partial t} + W_0(T) \tag{3-2}$$

式中　k_i——油页岩 i 方向的渗透率,m^2;

　　　ρ_g——混合气体的密度,kg/m^3;

　　　p_g——混合气体压力,MPa;

　　　θ——油页岩体积应变;

　　　$W_0(T)$——质量源,kg/m^3;

　　　$p_{g,i}$——混合气体压力的一次偏微分。

(2)岩石能量守恒方程

$$(1-\varphi)\rho_r c_r \frac{\partial T_r}{\partial t} = \lambda_r T_{r,ii} + W_s \tag{3-3}$$

式中　φ——油页岩孔隙率,%;

　　　ρ_r——油页岩密度,kg/m³;

　　　c_r——油页岩比热容,J/(kg・℃);

　　　T_r——油页岩温度,℃;

　　　λ_r——油页岩热传热系数;

　　　W_s——岩石热传导项热源,W/m³;

　　　t——时间,s;

　　　$T_{r,ii}$——油页岩温度的二次偏微分。

（3）混合气体能量守恒方程

$$c_g \frac{\partial(\rho_g T_g)}{\partial t} = \lambda_g T_{g,ii} - c_g(\rho_g k_i p_{g,i} T_{g,i}) + W_g \tag{3-4}$$

式中　c_g——混合气体的比热容,J/(kg・℃);

　　　T_g——混合气体温度,℃;

　　　λ_g——油页岩热传热系数;

　　　W_g——流体传热项热源,W/m³;

　　　$T_{g,ii}$——混合气体温度的二次偏微分。

（4）静力平衡方程

$$[\lambda(T_r)+\mu(T_r)]u_{j,ji} + \mu(T_r)u_{i,jj} + F - \beta T_{r,i} - \alpha p_{g,i} = 0 \tag{3-5}$$

式中　$\lambda(T_r),\mu(T_r)$——拉梅常数;

　　　$u_{j,ji}$——j 方向位移的偏 X 偏 Y;

　　　$u_{i,ji}$——i 方向位移的二次偏微分;

　　　β——油页岩热膨胀系数;

　　　α——比奥系数;

　　　F——体积应力,MPa。

在进行传导加热的数值模拟时,只用到式(3-2)和式(3-4),而进行对流加热的数值模拟时,需要用到式(3-1)～式(3-4),并且考虑局部热平衡,即岩石温度和混合气体温度相同。

3.5.3　边界条件

（1）固体变形场边界条件

本书所建的数值模型,上端为泥岩顶板,埋深为 500 m,上端荷载为 5 MPa。两端所受围压服从线性分布,上端为 5 MPa,下端为 6 MPa,下端为固定边界。

（2）渗流场边界条件

注热井注热段为油页岩矿层,注入井注入蒸汽压力为 3 MPa,抽采井抽采压力为大气压力(0.1 MPa),由于上端和下端皆为泥岩,皆设为无流动边界。

（3）温度场边界条件

注热井注热段为油页岩矿层,剩余边界皆为绝热边界。

3.5.4　模型参数

在油页岩热解过程中油页岩储层的密度、孔隙率、渗透率、热传导系数均随温度变化而变化,可写为随温度变化的方程。

(1) 密度和孔隙率随温度变化的规律

康志勤[164]系统研究了油页岩体积密度、孔隙率与热解温度的关系,得到了如下的定量关系:

$$\varphi = 39.002 - 37.093/\left[1 + (T/370.871)^{6.577}\right] \tag{3-6}$$

$$\rho_r = 5.0 \times 10^{-9} T^3 - 5.0 \times 10^{-6} T^3 + 0.008T + 2.068 \tag{3-7}$$

式中　T——热解温度,℃。

(2) 渗透率随温度变化的规律

高温流体运移受岩体渗透率的影响显著。考虑油页岩渗透率的各向异性特征可更加直观地了解矿层在热解过程中温度场的演变规律。笔者通过高温三轴渗透测试仪得到了油页岩在平行层理和垂直层理两个方向上渗透率与热解温度间的关系。进而根据试验结果拟合得到了渗透率和温度间的定量关系:

$$k_{per} = \begin{cases} 0 & (20\ ℃ < T < 450\ ℃) \\ 2.46 \times 10^{-20} T + 1.081 \times 10^{-17} & (450\ ℃ \leqslant T < 550\ ℃) \\ -2.457 \times 10^{-21} T + 2.805 \times 10^{-18} T + 7.868 \times 10^{-16} & (550\ ℃ \leqslant T \leqslant 600\ ℃) \end{cases} \tag{3-8}$$

$$k_{par} = \begin{cases} -4.539 \times 10^{-22} T^2 + 2.036 \times 10^{-19} T - 5.419 \times 10^{-18} & (20\ ℃ < T < 350\ ℃) \\ 1.759 \times 10^{-20} T^2 - 1.212 \times 10^{-17} T + 2 \times 10^{-15} & (350\ ℃ \leqslant T \leqslant 600\ ℃) \end{cases} \tag{3-9}$$

式中　k_{per}——垂直层理方向渗透率,m^2;

　　　k_{par}——平行层理方向渗透率,m^2。

(3) 热传导系数随温度变化的规律

热传导系数与油页岩矿层的传热特性间有着极为重要的联系,在笔者之前的研究中,通过 NETZSCH LFA 457 激光热导分析仪得到了油页岩在平行层理和垂直层理两个方向上热传导系数与热解温度间的关系,如图 3-21 所示。根据试验结果,进而得到热传导系数和温度间的拟合方程:

$$\lambda_{s\text{-}per} = 1.176 \times 10^{-6} T^2 - 0.002\,85T + 1.938\,1 \tag{3-10}$$

$$\lambda_{s\text{-}par} = 4.563 \times 10^{-6} T^2 - 0.001\,19T + 0.758\,1 \tag{3-11}$$

式中　$\lambda_{s\text{-}per}$——垂直层理方向上的热传导系数,$W/(m \cdot K)$;

　　　$\lambda_{s\text{-}par}$——平行层理方向上的热传导系数,$W/(m \cdot K)$。

(4) 热膨胀系数随温度变化的规律

非均质岩体热膨胀引起的各向异性热应激会减小岩体渗透系数,进而减弱岩体内部的传热效应,故在数值模拟过程中必须考虑岩体的热膨胀效应。刘志军[144]通过 NETZSCH 热膨胀仪测试得到了不同温度下油页岩的热膨胀系数,如下所示:

$$\beta_{per} = 1.01 \times 10^{-5} - 5.885 \times 10^{-3} \times \left[\frac{106.603}{4(T - 618.202)^2 + 11\,364.2}\right] \tag{3-12}$$

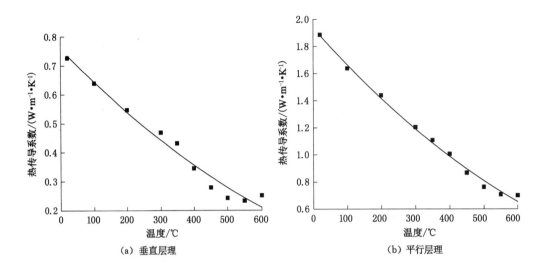

图 3-21　油页岩热传导系数随温度变化的关系

$$\beta_{par} = 1.01 \times 10^{-5} - 5.657 \times 10^{-3} \times \left[\frac{106.603}{4(T - 603.72)^2 + 7\,880.64} \right] \qquad (3-13)$$

式中　　β_{per}——垂直层理方向上的热膨胀系数，K^{-1}；

　　　　β_{par}——平行层理方向上的热膨胀系数，K^{-1}。

3.5.5　模拟结果与分析

　　热解时间不同时传导加热和对流加热下油页岩矿层的温度分布特征分别如图 3-22 所示。油页岩原位开采的目的就是充分热解其内部的有机质（干酪根），而 L. Wang 等[47]的研究表明，油页岩干酪根的完全热解温度一般在 400 ℃以上，故 400 ℃为干酪根的有效热解温度，将温度在 400 ℃以上的热解区域定义为有效热解区域。

　　图 3-23 得到了不同热解形式下有效热解区域所占油页岩矿层的比例随时间变化的趋势。从图中可以看出，随着热解的不断进行，两种热解方式下有效热解区域比例均在逐步增加，但传导加热下热解区域比例增加速率极为缓慢，当热解时间为 19 个月时，该热解方式下油页岩有效热解区域比例仅为 1.69%，只有极小范围的矿层得到充分热解，这是因为油页岩的导热性极差，要想通过传导加热方式热解油页岩无疑会浪费巨大的能量；当采用对流加热方式热解油页岩时，热解时间为 1 个月时有效热解区域比例就达到了 7.65%，19 个月时比例高达 37.91%，为传导加热的 22.4 倍，充分证明了对流加热方式下热解油页岩的效率要远高于传导加热方式下热解油页岩的效率。

　　两种加热方式下产油量与时间的关系如图 3-24 所示，从中可以发现，随着热解的进行，两种加热方式下产油量均在逐步增加。当热解时间达到 1 000 d 时，传导加热方式下油页岩的产油量仅为 7.05×10^5 kg，而对流加热方式下油页岩产油量达到了 7.66×10^9 kg，所以传导加热方式下热解油页岩的产油量要远低于对流加热方式下热解油页岩的产油量。

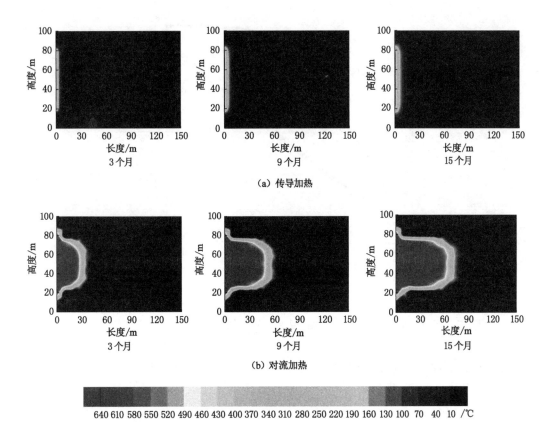

图 3-22　不同热解时间下温度场分布云图

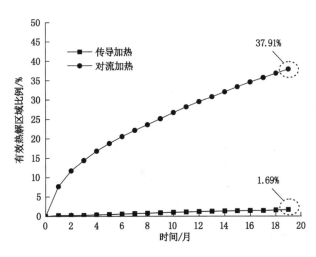

图 3-23　有效热解区域比例与时间的关系

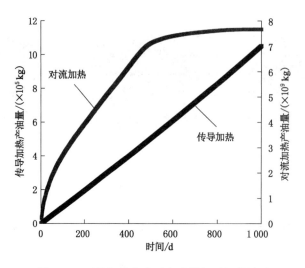

图 3-24 两种加热方式下产油量与时间的关系

3.6 油页岩原位开采物理改性机理研究

自然状态下,油页岩内部的干酪根(有机质)为固态,只有通过热解干酪根的相态才会从固态转变为气态、液态或者气液两相态。油页岩在热解过程中,岩体内部会形成孔隙和裂隙,只有通过这些孔隙和裂隙,干酪根热解形成的油气产物才能进行排采。而在原位状态下,岩石的破裂、变形以及膨胀等物理变化均会受到外围应力的约束。所以,注蒸汽原位热解油页岩技术的关键问题是油页岩在热解过程中岩体内部的细观结构是如何演化的以及干酪根热解形成的产物是否可以通过孔隙和裂隙结构运移至生产井?

油页岩的层理结构的接触面为薄弱的胶结面,强度较小。在高温蒸汽的作用下,岩体内部往往处于三向受拉状态,层理面最先发生破裂,而后层理间容易在拉应力作用下发生张拉脆性断裂。虽然矿层受到外围应力的约束,但在蒸汽的不断作用下,油页岩会发生剧烈的热破裂,有机质会快速的热解,从而使得岩体内部形成大量的纳米到微米级别的孔隙和裂隙。

高温蒸汽在运移以及热解油页岩的过程中均会消耗能量,故矿层不同位置蒸汽的温度和压力有所不同,从而影响有机质的分解以及油气的释放等特性,导致矿层内部孔隙和裂隙结构的差异。在蒸汽渗流通路的中部位置,热解温度相对较低,油页岩裂解产生黏稠状物质可能会填塞岩体内部的渗透通道,从而导致裂隙数量的减少和孔隙孔径的减小;在蒸汽渗流通路中靠近井管的位置,蒸汽温度较高,油页岩内部的裂隙数量较多,孔隙孔径相对较大,而且干酪根热解产生的油气还会进一步加大岩体内部的扩张力,从而扩展矿层内部裂隙,为热解产物运移提供良好的通道。

以本书研究的原位注蒸汽热解油页岩的模拟试验为例,在试验中先进行右侧井管的注热开采,然后进行左侧井管的注热开采。当以右侧井管作为注热井、左侧井管作为生产井时,注热过程中左右井管温度随时间变化的特征如图 3-25(a)所示,当热解时间低于320 min 时,注热井(右管)的温度快速升高到 500 ℃以上,生产井(左管)的升温速率较慢,两个井管的温差大,这是由于油页岩是热的不良导体,注热井附近岩体在温度的作用下逐步发生热解作用和热破裂,使得高温蒸汽逐渐向生产井方向运移,但该阶段注热井和生产井之间的裂隙未完全导通;当热解温度超过 320 min 时,左管的温度急剧增加,此时在高温蒸汽作用下左右井管之间的岩体内部形成大量的网格裂隙,从而便于蒸汽的运移。

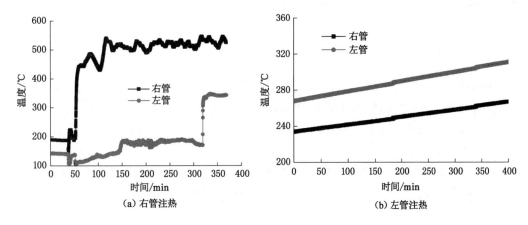

图 3-25　注热过程中左右井管温度随时间变化的示意图

当间隔转换开采(左管作为注热井、右管作为生产井)时,左右井管温度随时间变化的特征如图 3-25(b)所示,虽然在覆岩应力的作用下部分裂隙会发生闭合,但在蒸汽持续注入过程中,蒸汽压力会使得大部分的裂隙重新张开,从而为蒸汽在矿体内部的快速运移和扩散提供良好通道,因此在该状态下左右井管温度几乎同步上升,温差基本处于 70 ℃ 以内。总体上,左右井管温差变化的趋势反映出矿层在高温流体作用下渗流通道的畅通水平较高,热解效率高。

在注蒸汽热解油页岩技术中,油页岩内部裂隙作为蒸汽渗流的主要通路。在上述研究中通过显微 CT 扫描可以得到左右管井间油页岩裂隙平均宽度的变化特征,如图 3-26 所示。

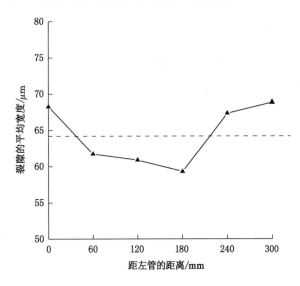

图 3-26　左右管井间油页岩裂隙平均宽度的变化

从图 3-26 可以发现,从左侧井管到右侧井管,岩体内部裂隙的平均宽度表现为先减小后增大的特征,裂隙平均宽度从 68.27 μm 减小到 59.31 μm,而后增加到 68.85 μm,整体上,蒸汽渗流通路的平均宽度为 64.40 μm,各个裂隙的相互连接贯通成为油页岩热解的主要通道,从而为蒸汽的运移提供了必要条件。

3.7 本章小结

注高温蒸汽原位开采油页岩技术主要通过高温蒸汽热解油页岩。高温流体运移过程中,孔隙和裂隙逐步发育,发育的孔隙和裂隙通道又会成为流体热解、传热和渗流的通道。研究注高温蒸汽原位开采油页岩孔隙和裂隙结构、矿层渗透率以及矿层热解效果是尤为必要的。得到主要结论为:

① 在高温注蒸汽原位热解油页岩的过程中,靠近矿层顶板的油页岩主要依靠传导方式热解,其他区域油页岩主要依靠对流方式热解。平行层理方向上油页岩的有效孔隙率为自然状态下油页岩的有效孔隙率的 12.77~16.05 倍,垂直层理方向上距钢管与花管分界线上方 50 mm 处的热传导矿层油页岩的有效孔隙率仅为 4.48%,是自然状态下油页岩的有效孔隙率的 2.95 倍。

② 钢管与花管分界线下方的油页岩内部裂隙以长度 100~<500 μm 的微裂隙为主。微裂隙的平均长度在 131.09~160.63 μm 之间,平均开度在 59.31~67.90 μm 之间。分界线上方的油页岩内部存在少量的微裂隙,说明热传导加热油页岩的效率很低。

③ 高温蒸汽热解后油页岩矿层发育的裂隙面贯通了模型的渗流通路,可为流体在空间中的运移提供通道。在整个热解矿层区域内,有 63.51% 的矿层渗透率是常温下抚顺油页岩渗透率的 23~38 倍。说明对流加热矿层的孔隙裂隙连通性较好,致密低渗透油页岩转变为高渗透岩石。

④ 注蒸汽热解油页岩技术在较短的时间内便会形成较大有效热解范围,同时会形成大量的油气产物,在相同的时间内注蒸汽热解油页岩的产油量要远高于传导加热方式下的油页岩产油量,也就说明注蒸汽热解油页岩的效率要远高于传导加热热解油页岩的效率。

⑤ 以高温蒸汽作为载热流体热解油页岩的过程中,由于热破裂和热解作用,岩体内部产生大量的从纳米到微米尺度的孔隙和裂隙,在注热井和生产井之间形成了畅通的渗流通路,油页岩从致密的不渗透介质转变成了高渗透介质,干酪根裂解形成的油气产物可以从生产井充分排采出来。

第4章　蒸汽温度对油页岩细观结构的影响规律

油页岩是富含有机质的细粒沉积岩,有机质在油页岩的矿物基质中不均匀地分散着,而且不溶于有机溶剂和水溶液。油页岩的热解就是对其进行绝氧干馏,使得有机质在高温下裂解生成页岩气和页岩油的过程。油页岩在热解过程中,先后会经历水分灰分、矿物质脱水反应以及干酪根裂解反应等一系列物理变化和化学反应过程。油页岩为非均质岩体,岩体内部不同矿物的密度和硬度不同,故在受热过程中各个矿物的热膨胀效应不同,进而会引起岩体内部的热破裂,同时干酪根受热裂解会形成流体态的油气产物,则油页岩内部的孔隙和裂隙是油页岩的热破裂和热解共同作用的结果。

在直接干馏工艺中,油页岩内部孔隙和裂隙作为油气产物运移的通道。在注蒸汽热解油页岩工艺中,高温蒸汽一方面起到热量传递和携带油气产物排出的作用,另一方面会与有机质发生复杂的化学反应,故油页岩内部的孔隙和裂隙结构的变化规律较为复杂。总而言之,油页岩内部的孔隙和裂隙不仅作为高温蒸汽和干酪根裂解产物运移的通道,而且还是岩体内部热量交换和传递的场所,直接关系到热解的效率,故研究不同蒸汽温度下油页岩内部细观结构的演变规律尤为重要。

本章对不同蒸汽温度下的油页岩样品进行了压汞测试,得到了油页岩孔隙度、孔径分布以及孔隙结构等反映孔隙特征的参数,同时与直接干馏状态下油页岩的孔隙特征进行了比较分析;对注蒸汽热解后的油页岩样品进行了全直径的显微CT扫描,得到了样品内部不同切片层的二维灰度图和反映内部结构的三维渲染图,对灰度图进行二值化处理得到了热解后油页岩的裂隙数量、开度、长度以及裂隙分布情况等;最后对油页岩样品粉末进行工业分析、低温干馏以及红外光谱测试,从而系统评价在蒸汽不同温度下油页岩有机质热解的效率。

4.1　试验方案

4.1.1　试样制备

通过台式钻孔机对新疆哈密巴里坤油页岩进行钻孔取芯,得到直径大约为 9.2 mm 的试样,同时利用砂纸将试样两端打磨至平整。

4.1.2　试验装置及方法

笔者自主设计了注蒸汽热解油页岩开采油气的长距离反应系统,该系统主要由耐高温长距离反应釜(长度为 4 m、内径为 101 mm)、蒸汽发生器、温度监测系统、列管式冷凝器以及其他辅助器件组成,如图 4-1 所示。长距离反应釜的蒸汽入口端通过过热管与蒸汽发生器相连,蒸汽出口端与列管式油水冷凝器相连,这样就构成了蒸汽热解油页岩和油气收集的通道;在长距离反应釜的蒸汽入口端和出口端位置均焊接有热电偶,用于监测长距离反应釜内蒸汽的温度。

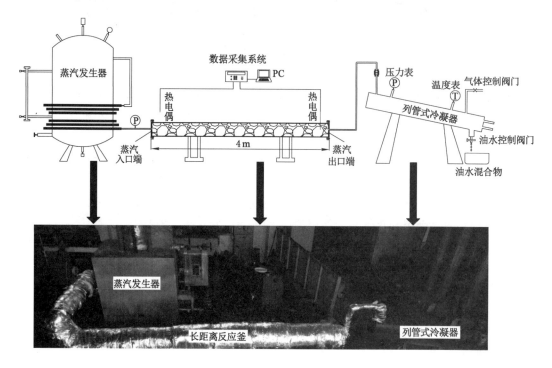

图 4-1 注蒸汽热解油页岩的反应系统

具体试验过程为:

① 在长距离反应釜内 T1～T3 以及 T5～T7 测点位置放置提前钻取的油页岩试样(图 4-2),每个测点处放置两个样品,样品包裹在金属网罩内,这样就可以得到两组不同蒸汽热解温度下的油页岩样品。将长距离反应釜外层包裹的陶瓷纤维保温层去掉,这样可以使得注热过程中长距离反应釜内可以形成较大的温度梯度。

图 4-2 长距离反应釜内油页岩试样放置测点示意图

② 在整个试验过程中,列管式冷凝器的流体控制阀门一直处于开启状态,这样可以使得流体持续处于流动状态,保证了蒸汽不断热解工作的进行。试验完成后,通过数据采集系统可以得到不同测点的终温(T1～T3 测点的终温分别为 555 ℃、534 ℃ 和 511 ℃,T5～T7 测点的终温分别为 452 ℃、382 ℃ 和 314 ℃)。

③ 取出不同位置的油页岩样品,将样品置入烘箱内进行 12 h 的烘干工作,烘箱温度设置为 70 ℃。待样品充分干燥后,先进行样品的显微 CT 试验,然后对各个样品进行压汞测试,从而得到蒸汽热解后油页岩内部的孔隙和裂隙结构。在相同测点位置取油页岩残渣,将其充分研磨成粉末,用于工业分析和低温干馏测试。

值得注意的是,在对流加热热解油页岩工艺中,油气产物的主动迁移能力强,高温蒸汽可以携带油气产物排采。故高温蒸汽运移对岩体内部结构的影响程度要远远显著于油气在岩体内部扩散过程中对自身细观结构的影响。同时,试验中蒸汽发生器的产气量为 50 kg/h,蒸汽的密度为 0.251 2 kg/m³,由此计算得到蒸汽的流量为 3.317×10^6 mL/min,该值要远高于油气产物的产量。因此,认为在此次试验中可以忽略油气产物运移对油页岩内部结构的影响,蒸汽温度对岩体内部微观结构的影响占主导作用。

4.2　不同蒸汽温度下油页岩的孔隙特征

当油页岩的加热温度达到有机质热解的阈值点时,干酪根便会发生裂解化学反应,生成页岩油和页岩气,同时岩体内部骨架产生大量的孔隙,这些孔隙结构的形成为热流体的注入和油气产物的排采提供了良好通道,故油页岩内部大量孔隙的形成对有机质的高效热解具有重要的意义。

4.2.1　孔隙结构特征

在对样品的孔隙结构进行压汞测试的过程中,通过进汞和退汞曲线的形态就可以反映出油页岩内部孔隙结构的特征以及孔隙发育的程度。不同蒸汽温度下的油页岩进汞和退汞曲线特征如图 4-3 所示,直接干馏状态下油页岩进汞和退汞曲线特征如图 4-4 所示,由此可以对比不同热解方式下油页岩内部孔隙结构的特征。

从图 4-3 中可以发现,在常温下,当孔径处于 100～30 000 nm 之间时,压入汞的孔体积几乎不随孔径的变化而变化,说明此阶段所对应的孔径范围内的孔隙几乎不发育;进汞曲线表现为反 S 形,退汞曲线几乎平行于进汞曲线,没有发生汞滞留在岩体内部孔隙中而无法退出的现象。

当蒸汽温度为 314 ℃时,进汞曲线依然表现为反 S 形,在 100～30 000 nm 的孔径范围内压入汞的孔体积在缓慢增加,但总体上压入汞的孔体积很少,孔隙发育仍然不明显。当温度为 382 ℃时,进汞曲线表现为 S 形,注入汞孔体积的速率随着孔隙体积的变化而变化,当孔径处于 8～344 nm 之间时,注入汞孔体积增加的速率较快,为注汞的主要阶段,退汞曲线逐渐下降,退汞效率明显,油页岩是非均质岩石,在该温度下硬质矿物的热膨胀系数与邻近物质的热膨胀系数相差较大,在局部范围内形成较为明显的热应力,从而导致硬质矿物的周边发生开裂,孔隙发育明显。

当蒸汽温度≥452 ℃时,不同蒸汽温度下进汞和退汞曲线特征较为相似,根据汞进入油页岩内部速率的不同可将注汞过程分为缓慢注入阶段(孔径＞1 000 nm)、快速注入阶段(100 nm＜孔径≤1 000 nm)以及稳定注入阶段(孔径≤100 nm)三个阶段。在缓慢注入阶段,注入汞的孔体积较小,说明较大孔径的孔隙发育相对较少;快速注入阶段为主要注汞阶段,说明大部分孔隙孔径集中在 100～1 000 nm 之间;稳定注入阶段注入汞的孔体积很少,

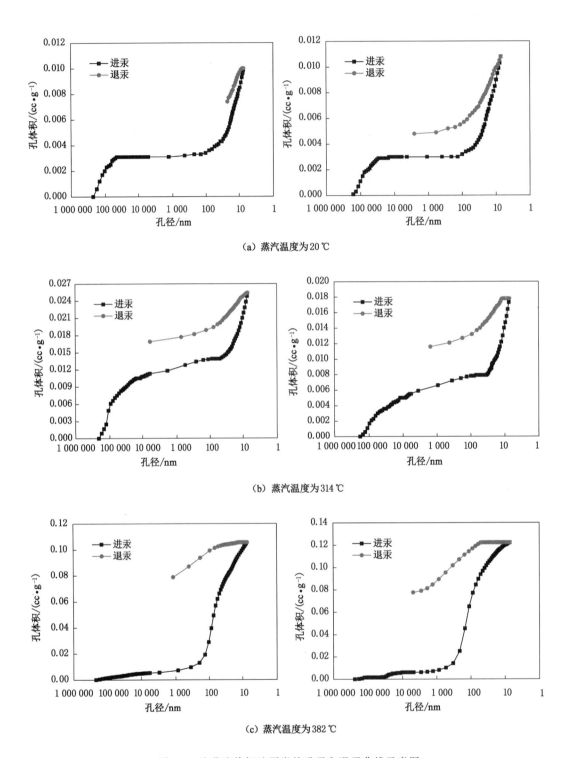

（a）蒸汽温度为20 ℃

（b）蒸汽温度为314 ℃

（c）蒸汽温度为382 ℃

图 4-3　注蒸汽热解油页岩的进汞和退汞曲线示意图

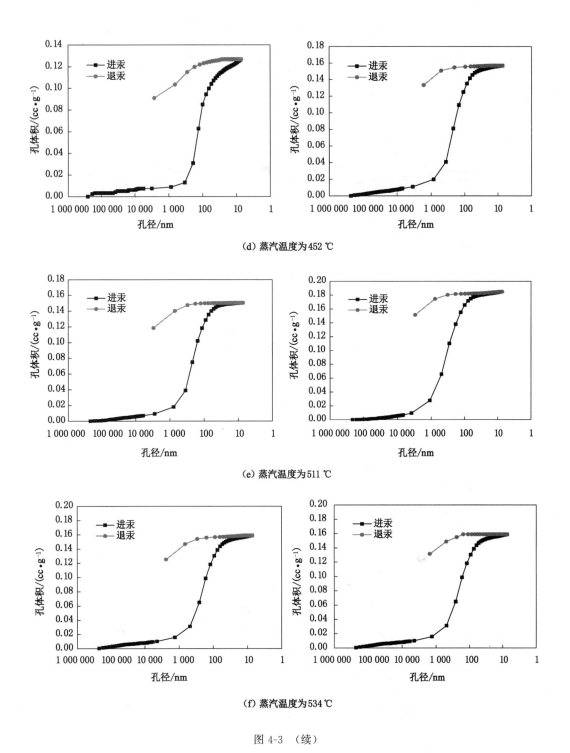

(d) 蒸汽温度为 452 ℃

(e) 蒸汽温度为 511 ℃

(f) 蒸汽温度为 534 ℃

图 4-3　（续）

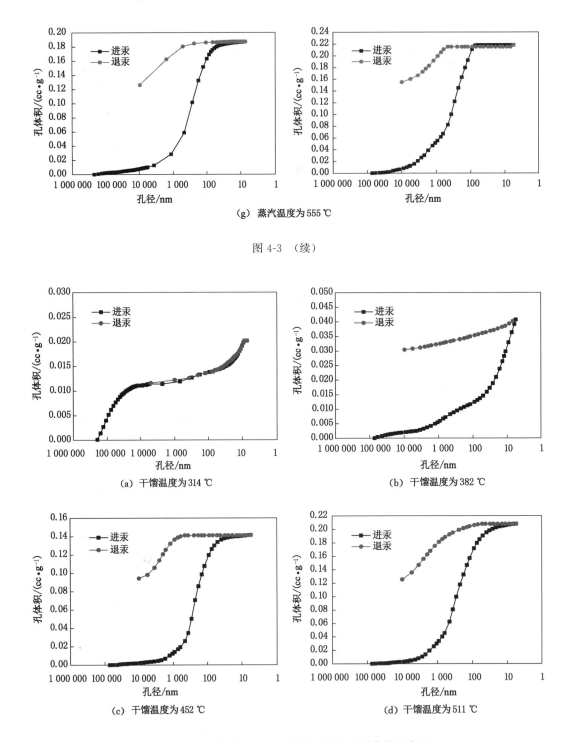

（g）蒸汽温度为 555 ℃

图 4-3 （续）

（a）干馏温度为 314 ℃

（b）干馏温度为 382 ℃

（c）干馏温度为 452 ℃

（d）干馏温度为 511 ℃

图 4-4 直接干馏状态下油页岩的进汞和退汞曲线示意图

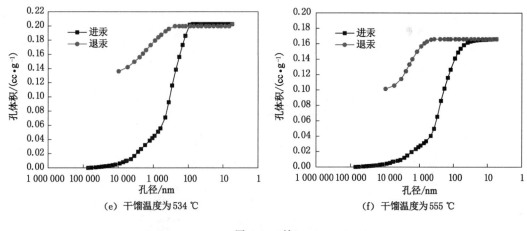

(e) 干馏温度为 534 ℃　　　　　　　(f) 干馏温度为 555 ℃

图 4-4　(续)

说明较小孔径的孔隙发育也很少。总体上,在开始退汞阶段退汞曲线很平稳,表现出明显的迟滞现象,有部分汞遗留在复杂结构孔隙中无法退出,而退汞效率明显,说明热解温度≥452 ℃时油页岩内部形成了大量的孔隙。综上所述,认为在注蒸汽热解油页岩模式下 382 ℃是孔隙结构从简单转变为复杂的阈值点。

从图 4-4 中可以发现,当干馏温度≤382 ℃时,油页岩进汞量少,说明油页岩内部孔隙发育较少。其中,当干馏温度为 314 ℃时,进汞曲线表现为反 S 形,退汞曲线几乎与进汞曲线重合,说明该温度下油页岩内部孔隙发育结构简单;当干馏温度为 382 ℃时,退汞效率缓慢,该温度下油页岩孔隙结构较干馏温度为 314 ℃要复杂一些。当干馏温度≥452 ℃时,直接干馏模式下油页岩的进退汞曲线特征较为相似,油页岩内部孔隙发育较多,孔隙结构均相对较为复杂。由此认为在直接干馏模式下 452 ℃是孔隙结构从简单转变为复杂的阈值点。

通过上述分析认为:与直接干馏模式相比,注蒸汽热解油页岩状态下孔隙结构转变的阈值温度点要低。究其原因,一方面,以高温蒸汽作为载热流体热解油页岩时,岩体内部干酪根不仅发生自裂解反应,而且蒸汽会参与到有机质的化学反应中,其热解过程更为复杂;另一方面,高温蒸汽携带热解产物排出的过程中会扩宽孔隙通道,加剧孔隙结构的演化。

4.2.2　孔径分布特征

通过压汞试验可以得到孔径微分分布曲线,进而获得油页岩内部不同孔径孔隙的孔容增量,不同热解方式下油页岩内部孔隙的孔径分布曲线分别如图 4-5 和图 4-6 所示。

图 4-5 得到了注蒸汽不同热解温度下油页岩内部孔隙的孔径分布特征,从图中可以看出当蒸汽温度≤314 ℃时,不同孔径孔隙的孔容增量均较小;当蒸汽温度分别为 20 ℃和 314 ℃时,孔容增量峰值点对应的孔隙孔径分别为 10.75 nm 和 7.41 nm。当蒸汽温度≥382 ℃时,随着孔隙孔径的增加,孔容增量均表现出先增加后减小的趋势,同时孔径处于 30～3 000 nm 之间的孔隙孔容增量均较为明显;当温度分别为 382 ℃、452 ℃、511 ℃、534 ℃和 555 ℃时,孔容增量峰值点对应的孔隙孔径分别为 55.94、132.30、255.30、220.60 和 174.70 nm。

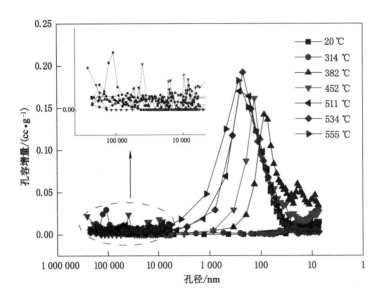

图 4-5　注蒸汽热解油页岩的孔隙孔径分布曲线示意图

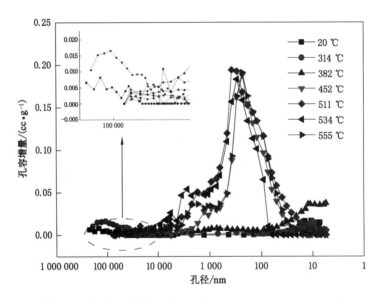

图 4-6　直接干馏状态下油页岩的孔隙孔径分布曲线示意图

图 4-6 显示了直接干馏状态下油页岩内部孔隙的孔径分布特征,从图中可以看出,当干馏温度≤382 ℃时,不同孔径孔隙的孔容增量均不明显,不同温度点下孔容增量峰值点对应的孔隙孔径均较小,处于 30 nm 以下。当干馏温度≥452 ℃时,随着孔隙孔径的增加,孔容增量均表现出先增加后减小的趋势;当干馏温度分别为 452 ℃、511 ℃、534 ℃和 555 ℃时,孔容增量峰值点对应的孔隙孔径分别为 290.90、364.09、290.71 和 226.89 nm。

图 4-7 和图 4-8 分别表示了两种热解方式下油页岩内部孔隙的平均孔径和中值孔径随热解温度的变化趋势,从图中可以发现,相同热解温度下,注蒸汽热解油页岩孔隙的孔径要

普遍高于直接干馏状态下油页岩孔隙的孔径。整体上,随着热解温度的不断提高,油页岩内部孔隙的孔径在逐步增加。当热解温度从常温增加到 314 ℃时,两种热解方式下平均孔径和中值孔径的增大程度不明显。当热解温度从 314 ℃增大到 555 ℃的过程中,注蒸汽热解油页岩孔隙的平均孔径从 23.70 nm 增加到了 218.15 nm,中值孔径从 30.53 nm 增加到了 312.10 nm;直接干馏状态下油页岩孔隙的平均孔径从 21.68 nm 增加到 145.60 nm,中值孔径从 25.05 nm 增加到了 234.50 nm;尤其是当热解温度达到 555 ℃时,注蒸汽热解模式下油页岩的平均孔径和中值孔径要远大于直接干馏模式。究其原因,一方面在注蒸汽热解温度不断提高的过程中,油页岩热破裂程度加剧,而且高温高压蒸汽在不断注入和排采油气过程中会不断拓宽孔隙的孔径;另一方面,油页岩所含的黏土矿物在低温条件下分解程度较低,在高温下会发生显著的脱水反应[186],从而加快了孔隙结构的形成。

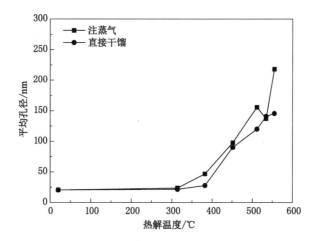

图 4-7　两种热解方式下油页岩平均孔径随温度的变化特征

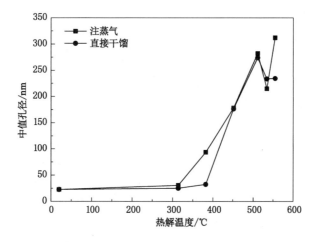

图 4-8　两种热解方式下油页岩中值孔径随温度的变化特征

4.2.3 孔隙度的变化特征

孔隙度是衡量岩石孔隙发育程度的重要指标,油页岩的孔隙度较大程度影响着油页岩与过热蒸汽的相互作用过程[187-189]。在压汞测试中,孔隙度为注入汞的体积与样品体积的比值。油页岩内部孔隙根据其形态特征的不同可分为连通孔隙和死端孔隙,在连通孔隙中,汞的压入较为简单,而在退汞时的退汞效率较高;死端孔隙的结构较为复杂,总体上表现为孔隙喉道较窄,孔壁较为粗糙,孔腔较大,孔隙一端为死端,汞压入时需要较高的压力,而在退汞时阻力较大,汞不容易退出,退汞效率较低,同时流体在该类型的孔隙中无法有效流动。有效孔隙率反映的就是相互连通的孔隙体积与岩体总体积的比值。表 4-1 得到了注蒸汽热解条件下两组油页岩样品的孔隙度和有效孔隙率,对两组样品的孔隙度和有效孔隙率求均值,得到了不同加热模式下油页岩孔隙度和有效孔隙率随热解温度的变化趋势,如图 4-9 所示。

表 4-1 注蒸汽热解油页岩的孔隙度和有效孔隙率统计表

样品编号	参数指标	热解温度						
		20 ℃	314 ℃	382 ℃	452 ℃	511 ℃	534 ℃	555 ℃
第一组	孔隙度/%	2.10	5.54	22.70	24.15	27.67	29.00	32.10
	有效孔隙率/%	1.33	3.76	8.97	9.13	13.06	14.11	15.49
	死端孔隙的孔隙率/%	0.77	1.78	13.73	15.02	14.61	14.89	16.61
第二组	孔隙度/%	2.07	4.09	22.01	29.55	33.50	27.22	32.38
	有效孔隙率/%	1.70	3.96	10.78	12.19	12.64	14.19	14.89
	死端孔隙的孔隙率/%	0.37	0.13	11.23	17.36	20.86	13.03	17.49

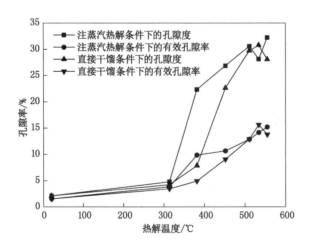

图 4-9 不同加热模式下油页岩孔隙度和有效孔隙率随温度的变化特征

结合表 4-1 和图 4-9 可以得到,当热解温度从 20 ℃增加到 314 ℃,两种热解方式下油页岩孔隙度和有效孔隙率的增大速率均较为缓慢,自然状态下巴里坤油页岩孔隙度仅为 2.09%;当热解温度为 314 ℃时,注蒸汽热解条件下和直接干馏条件下油页岩孔隙度分别为 4.82% 和 4.26%,差异较小,因为 314 ℃还远远未达到干酪根有效热解的温度,在该温度下油页岩主要发生热物理变化,以内部结合水的受热逸出、不同密度矿物颗粒的非均匀热膨胀以及干酪根的软化为主,无法为蒸汽的热解和运移提供良好通道。

当热解温度从 314 ℃增加到 382 ℃,注蒸汽热解条件下油页岩孔隙度从 4.82% 增加到了 22.36%,增大了 4.64 倍,有效孔隙率从 3.86% 增加到了 9.88%;直接干馏条件下油页岩孔隙度仅从 4.26% 增加到 7.86%,增大了不到 1 倍,有效孔隙率从 3.46% 增至 4.95%;由此可见热解温度达到 382 ℃时注蒸汽热解条件下油页岩的有效孔隙率要远高于直接干馏条件下油页的有效孔隙率,油页岩具有明显的层理结构,层理结构的接触面为"薄弱面",强度较小,在过热蒸汽的持续作用下油页岩内部往往处于三向受拉状态,这样在注蒸汽热解条件下岩体内部就会形成明显的热破裂。

当热解温度从 382 ℃增加到 555 ℃,两种热解方式下油页岩孔隙度的增大速率均较快,有效孔隙率也呈现出逐步增大趋势。其中,注蒸汽热解条件下油页岩孔隙度从 22.36% 增加到了 32.24%,有效孔隙率从 9.88% 增加到了 15.19%;而直接干馏条件下油页岩孔隙度从 7.86% 增加到了 28.06%,有效孔隙率从 4.95% 增加到了 13.77%。热解温度为 555 ℃时,注蒸汽热解和直接干馏条件下油页岩孔隙度分别达到了自然状态下油页岩孔隙度的 15.43 和 13.43 倍。高温下有机质的热解剧烈,干酪根相态从固态转变为气态的过程中,其赋存的孔隙空间里会形成极大的膨胀应力,在强烈的热解作用下岩体内部形成大量孔隙,同时大量的黏土矿物在 400～550 ℃的温度范围内会发生脱水反应,同样会增大孔隙度。

总体上,注蒸汽热解油页岩的孔隙度和有效孔隙率要高于直接干馏状态下油页岩的孔隙度和有效孔隙率。究其原因,当热解温度达到有机质热解的阈值温度时,高温蒸汽可以通过大规模的裂隙结构将附着在孔隙壁上的页岩油采出,从而进一步增大了油页岩孔隙空间,提高孔隙率;而且高温蒸汽携带页岩气和页岩油析出过程中会进一步拓宽孔隙,从而形成庞大的孔隙空间。

4.2.4　不同类别孔隙以及其他孔隙参数的变化特征

从上文分析可知,在相同的热解温度下,注蒸汽热解油页岩的孔隙度以及孔径等均要明显于直接干馏模式,孔隙发育更加发达。故在此讨论注蒸汽热解油页岩不同类型孔隙的演变特征。基于霍多特孔隙分类方案[190-191],可根据孔隙孔径的不同将油页岩内部孔隙分为四类,即微孔($d \leqslant 10$ nm)、小孔(10 nm$<d \leqslant 100$ nm)、中孔(100 nm$<d \leqslant 1\ 000$ nm)以及大孔($d > 1\ 000$ nm),表 4-2 得到了注蒸汽热解条件下两组油页岩样品内部不同类型孔隙的体积含量特征。对两组样品的孔隙体积求均值,得到了不同类别孔隙体积随热解温度的变化趋势,如图 4-10 所示。

表 4-2　注蒸汽热解油页岩不同类型孔隙的体积含量

样品编号	热解温度/℃	孔隙体积/(cc·g⁻¹)				孔隙占比/%			
		微孔	小孔	中孔	大孔	微孔	小孔	中孔	大孔
第一组	20	0.001 6	0.004 9	0.000 3	0.003 1	16.16	49.49	3.03	31.32
	314	0.003 8	0.007 2	0.003 1	0.010 7	15.32	29.03	12.5	43.15
	382	0.005 4	0.070 3	0.021 7	0.007 2	5.16	67.21	20.75	6.88
	452	0.002 4	0.033 3	0.078 2	0.012 8	1.89	26.28	61.72	10.11
	511	0.000 4	0.019 3	0.110 6	0.018 0	0.27	13.01	74.58	12.14
	534	0.001 4	0.024 1	0.116 8	0.016 8	0.91	15.14	73.41	10.54
	555	0.000 6	0.024 2	0.121 7	0.040 6	0.32	12.93	65.04	21.71
第二组	20	0.002 3	0.005 3	0.000 2	0.003 0	21.30	49.07	1.85	27.78
	314	0.003 3	0.006 2	0.001 2	0.006 6	19.08	35.84	6.94	38.14
	382	0.003 2	0.042 0	0.068 9	0.008 2	2.62	34.34	56.34	6.70
	452	0.001 0	0.031 0	0.105 2	0.019 8	0.64	19.75	67.00	12.61
	511	0.001 2	0.018 0	0.138 0	0.027 7	0.65	9.73	74.63	14.99
	534	0.000 2	0.021 1	0.116 5	0.014 2	0.13	13.88	76.64	9.35
	555	0	0.018 1	0.148 7	0.051 3	0	9.30	68.18	22.52

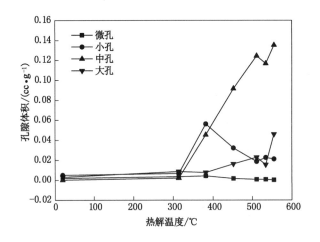

图 4-10　注蒸汽热解油页岩不同类型孔隙的体积随温度的变化特征

　　从表 4-2 和图 4-10 中可以看出，当热解温度处于 20～314 ℃之间时，各个类别孔隙的体积均很小，低温下油页岩不会发生明显的热破裂，而且该温度还未达到干酪根有效热解的阈值温度，干酪根相态变化以软化为主，黏度较高，会堵塞部分孔隙，故在该温度区间内孔隙体积不会随着温度升高而发生显著改变。

　　当热解温度高于 314 ℃时，随着温度的升高，中孔和大孔孔隙体积均在增加，其中，中孔孔隙体积增大速率更为明显；小孔孔隙体积表现为先增加后减小的趋势。有研究表明，干酪根有效热解的阈值温度为 400 ℃，则当有机质开始有效裂解后，在不同类型的孔隙中中孔占主导地位,其次为大孔和小孔,微孔发育较少,故各个类型孔隙所占比例表现为:中孔>大孔≈小孔>微孔。

整体上,当油页岩热解温度达到有效热解温度后,油页岩内部孔隙的孔径逐步增大,孔径较小的微孔和小孔逐步转变为孔径较大的中孔和大孔。主要原因表现为:首先,自然状态下油页岩是致密的,内部发育孔隙极少,注蒸汽热解油页岩工况条件下有机质发生复杂的化学反应,形成气态的油气产物,蒸汽携带产物运移过程中会逐渐扩大孔隙孔径;其次,在热流体快速传热过程中岩体内部发生明显的物理变化,主要表现为热膨胀,在蒸汽压力作用下孔隙逐步表现为向外部空间的膨胀,提高了中孔和大孔所占比例;最后,在常态下油页岩的强度和硬度均较大,在高温作用下油页岩内部不同密度的颗粒变形不协调,强度大幅度减小,塑性特性增强,容易在高温蒸汽作用下发生一系列的宏观和微观变形。

通过压汞测试还可以得到反映孔隙特征的其他参数,比如迂曲度和比表面积。流体在多孔介质中的流动不是沿直线前进,而是迂回曲折地向前流动,迂曲度反映了这种迂回曲折的程度,也就是孔隙的弯曲情况,直接影响到流体在孔隙中运移流动的难度。比表面积是表征岩石颗粒松散程度的重要指标,岩石的比表面积与渗透性之间存在较大的相关性[192-193]。图 4-11 得到了注蒸汽热解条件下油页岩迂曲度和比表面积这两个参数与热解温度的关系。

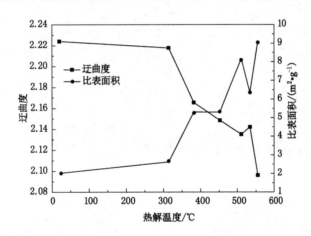

图 4-11　注蒸汽热解油页岩迂曲度和比表面积随温度的变化特征

从图 4-11 可以看出,随着热解温度的升高,油页岩孔隙的迂曲度在逐步减小,而比表面积在逐步增加。当热解温度从 20 ℃增加到 314 ℃,油页岩孔隙迂曲度仅从 2.224 1 减小到 2.217 8,比表面积仅从 2.023 m^2/g 增加到 2.622 m^2/g,两个参数的变化幅度均较小,说明在该温度区间内提高热解温度对油页岩孔隙弯曲程度以及发育程度的影响较小。当热解温度从 382 ℃升至 555 ℃,孔隙迂曲度从 2.165 6 降低到了 2.096 2,流体在孔隙中流动受到的阻力随着迂曲度的增大而愈加明显,这说明该温度区间内孔隙弯曲程度较低,毛细管阻力小。有文献指出,孔隙的迂曲度与喉道长度之间存在正相关关系,说明流体(油气)在孔隙中流动的距离较小,经较小距离便可流动到尺度更大的通道,有利于油气的分解、运移和产出。当热解温度分别为 382 ℃和 555 ℃时,油页岩孔隙的比表面积分别达到了 5.305 4 m^2/g 和 9.102 5 m^2/g,为常温下油页岩比表面积的 2.62 倍和 4.50 倍,说明热解温度达到 382 ℃时,油页岩内部发育大量的孔隙,从而加大了蒸汽与岩体的换热面积,提高了换热效率。

4.3 不同蒸汽温度下油页岩的裂隙特征

油页岩是各向异性特征明显的沉积岩,在高温作用下硬质矿物的周边属于易裂区,容易形成裂纹。在油页岩热解过程中,有机质的热解以及油气产物的运移等均会影响原生裂隙的扩展以及次生裂隙的发育等特征。以高温蒸汽为载热流体热解油页岩过程中,油页岩内部的裂隙结构特征必然趋于复杂。

4.3.1 油页岩裂隙结构的分布特征

显微 CT 技术是无损检测技术,在不破坏岩体内部结构的基础上可以直观清晰地得到岩体内部的微观结构。对两组不同蒸汽温度下的油页岩样品进行显微 CT 扫描,将得到的400 幅纵向截面图进行重建可以得到 1 500 层反映油页岩内部不同层密度分布情况的二维灰度图像,选取其中第 750 层的灰度图像进行观测,从而得到不同蒸汽温度下油页岩裂隙的演变特征。图 4-12 为不同蒸汽温度下样品横剖面第 750 层的显微 CT 重建灰度图像。

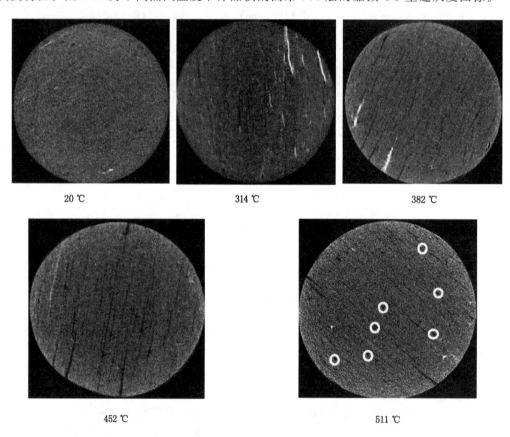

图 4-12　不同蒸汽温度下样品横剖面第 750 层的灰度图像

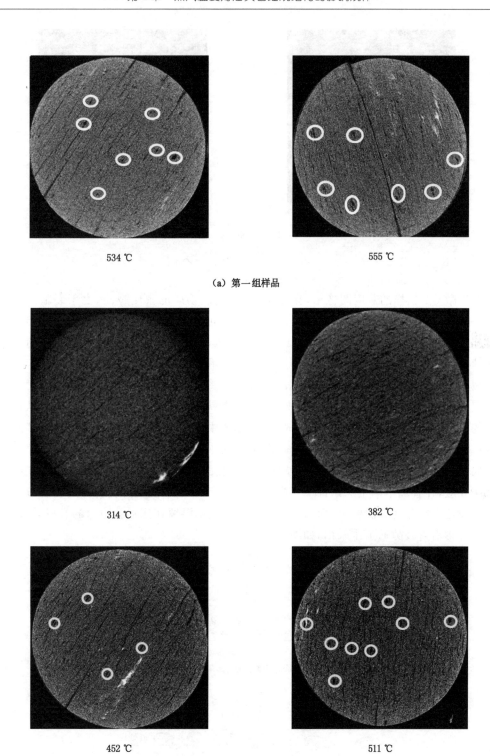

图 4-12　（续）

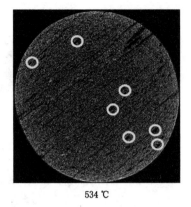 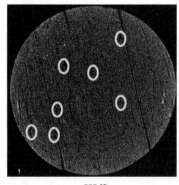

534 ℃   555 ℃

(b) 第二组样品

图 4-12 （续）

在显微 CT 扫描的灰度图像中,亮度越大,则代表物质的密度越高,由于裂隙的密度最低,故在显微 CT 图像中显示为黑色。从图 4-12 中可以发现,常温下油页岩是极为致密的,内部几乎不存在裂隙结构;当温度为 314 ℃时,油页岩内部产生较多的平行裂隙;随着温度的继续升高,岩体内部平行裂隙的规模和数量都在不断增加;当温度达到了 555 ℃,油页岩热破裂显著,内部形成了贯通整个横剖面的大裂隙。这是因为油页岩内部发育有大量的平行层理,层理面多为弱胶结结构,强度极低,在过热蒸汽的作用下极易发生热破裂,从而形成大量的裂隙。当热解温度超过 452 ℃时,在灰度图中出现了大量的类似于"蝌蚪状"的孔洞（白色线圈所圈范围）,究其原因,一方面,高温蒸汽热解油页岩的过程会在孔隙内部产生较高的局部扩张力,形成了"扩孔"效应,从而增大了孔隙体积;另一方面,对流加热存在明显的"剥蚀"效应,在直接干馏工况条件下死端孔隙内的有机质未完全分解,部分有机质分解形成的页岩油还会附着在孔隙壁上,而高温蒸汽会充分热解滞留在死端孔隙内的有机质,进而携带热解产物沿着裂隙通道排采出,如图 4-13 所示。

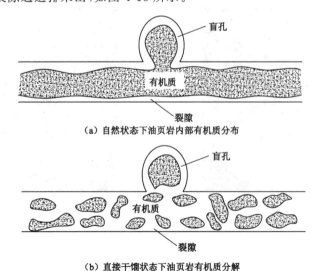

（a）自然状态下油页岩内部有机质分布

（b）直接干馏状态下油页岩有机质分解

图 4-13 过热蒸汽的"剥蚀"效应示意图

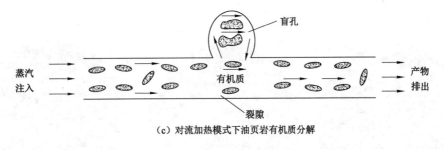

（c）对流加热模式下油页岩有机质分解

图 4-13 （续）

4.3.2　油页岩裂隙参数的变化规律

为了直观得到蒸汽作用后的油页岩内部裂隙的分布情况,需要对图 4-12 的灰度图像进行"图像分割",也就是进行二值化处理。将图像中各个像素点的灰度值与空气灰度值比较,如果像素点灰度值大于空气灰度值,认为是固体骨架;如果像素点灰度值小于或等于空气灰度值,则认为是裂隙结构。图 4-14 为不同热解温度下样品横剖面第 750 层经二值化处理的显微 CT 图像,图中白色区域代表裂隙,而黑色区域代表油页岩基质。

油页岩内部的裂隙是有机质裂解产物运移以及流体流动的通道,故裂隙的数量和规模直接关系到注蒸汽热解油页岩的效率。裂隙参数主要包括数量、长度和开度,根据裂隙长度的不同将油页岩内部裂隙分为三个级别:微裂隙($100\sim<500\ \mu m$)、短裂隙($500\sim<1\ 000\ \mu m$)以及长裂隙($\geqslant 1\ 000\ \mu m$)。将裂隙视为椭圆,认为椭圆长轴方向的长度为裂隙长度,短轴方向的长度为裂隙开度。在二值化图像的基础上对不同级别裂隙的参数进行统计,统计结果如表 4-3 所示,在表 4-3 中,第一组的样品编号为 $1^{\#}$,第二组的样品编号为 $2^{\#}$。

表 4-3　注蒸汽热解油页岩的裂隙参数统计表

热解温度 /℃	样品编号	微裂隙			短裂隙			长裂隙		
		数量	长度/μm	开度/μm	数量	长度/μm	开度/μm	数量	长度/μm	开度/μm
20	$1^{\#}$	7	125.77	42.68	0	0	0	0	0	0
314	$1^{\#}$	53	145.10	44.41	0	0	0	0	0	0
	$2^{\#}$	169	137.72	50.46	1	704.90	87.01	0	0	0
382	$1^{\#}$	143	152.26	47.20	2	669.80	86.84	0	0	0
	$2^{\#}$	140	147.81	49.04	0	0	0	0	0	0
452	$1^{\#}$	188	154.25	54.94	6	757.92	88.18	2	1 461.71	119.79
	$2^{\#}$	206	154.08	53.63	7	647.34	79.50	2	1 009.69	75.34
511	$1^{\#}$	257	145.85	55.25	6	704.61	83.96	0	0	0
	$2^{\#}$	258	149.58	55.00	4	637.00	88.27	1	1 012.24	106.28
534	$1^{\#}$	274	154.10	53.03	6	629.46	86.73	2	1 952.45	100.59
	$2^{\#}$	315	159.24	54.93	4	686.97	75.71	4	1 134.36	166.03
555	$1^{\#}$	361	155.44	60.90	2	643.00	128.57	2	4 056.85	160.12
	$2^{\#}$	400	151.43	58.80	5	650.44	104.42	3	3 506.09	113.55

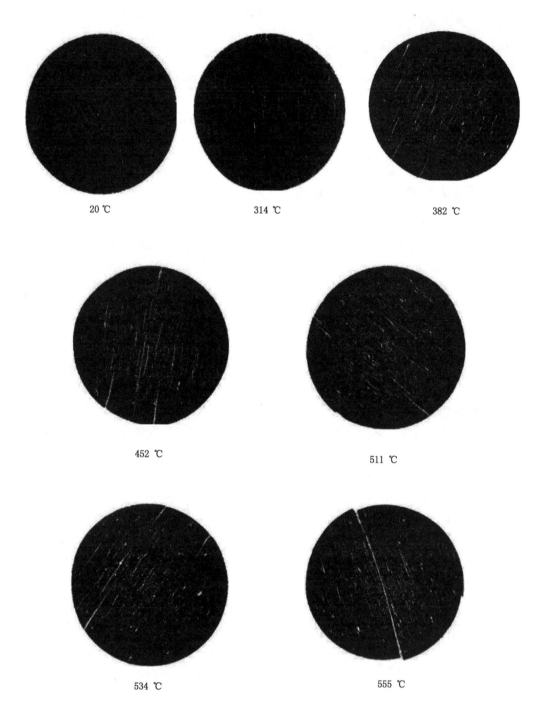

20 ℃   314 ℃   382 ℃

452 ℃   511 ℃

534 ℃   555 ℃

(a) 第一组样品

图 4-14   不同热解温度下样品横剖面第 750 层的二值化图像

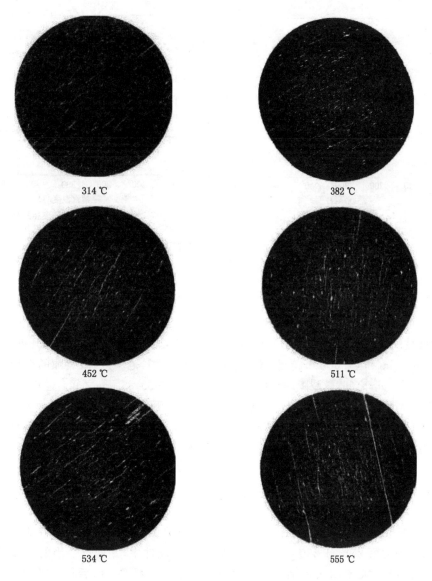

(b) 第二组样品

图 4-14 （续）

从表 4-3 中可以发现,油页岩内部的裂隙主要以微裂隙为主,在常温下油页岩内部微裂隙数量极少;当热解温度达到 555 ℃时,微裂隙数量最多,可达 400 条,是常温下油页岩内部微裂隙数量的 57 倍,在高温蒸汽作用下油页岩发生显著的热破裂,内部形成大量的微裂隙,为蒸汽的运移和产物的排出提供良好通道。各个热解温度下油页岩内部短裂隙和长裂隙的数量均相对较少,当热解温度为 452 ℃时,2#样品的短裂隙数量最多,但仅为 7 条;当热解温度为 534 ℃时,2#样品内部的长裂隙数量为 3 条;总体上,在各个温度下短裂隙和长裂隙发育的数量远远不及微裂隙。对不同蒸汽温度下油页岩第 750 层的微裂隙参数求均值,得到油页岩内部微裂隙参数的变化特征,如图 4-15 所示。

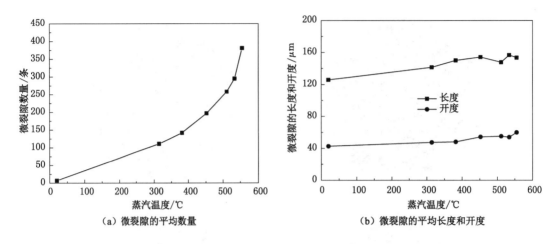

（a）微裂隙的平均数量　　　　　　　　（b）微裂隙的平均长度和开度

图 4-15　不同蒸汽温度下油页岩微裂隙参数的变化特征

从图 4-15 中可以看出，随着蒸汽热解温度的升高，微裂隙的数量也在不断增加，而且增加速率越来越大。从常温到 452 ℃，微裂隙的平均数量从 7 条增加到 197 条，增加了 190 条；温度从 452 ℃增加到 555 ℃，在 100 ℃的升温区间内微裂隙数量就从 197 条增加至 381 条；可见蒸汽温度越高，油页岩的热破裂就越明显。在常温下，微裂隙的平均长度和开度相对较小，分别为 125.77 μm 和 42.68 μm；当蒸汽温度在 452～555 ℃范围内，微裂隙的平均长度处于 147.72～156.67 μm 之间，微裂隙的平均开度处于 53.98～59.85 μm 之间。总而言之，在高温蒸汽作用下，油页岩内部微裂隙的数量、平均长度和平均开度均发生了极大的改变，究其原因，一方面，油页岩内部干酪根高温下裂解生成的产物会随着蒸汽而排采，另一方面，高温高压蒸汽在热解有机质的同时会不断拓展拓宽岩体内部裂隙，从而增加了裂隙的长度和开度，同时也提高了换热面积，增加热解效率。

4.3.3　油页岩孔（裂）隙结构的空间分布特征

对油页岩进行显微 CT 扫描后，获得了一系列反映试样内部密度分布特征的二维灰度图像，选取其中的第 251～1 250 层导入到 AVIZO9.0 软件中，并通过恰当的阈值对这些灰度图像进行阈值分割，获得表征油页岩裂隙分布的二值化图像。而后将获得的 1 000 层二值图像连续堆叠，实现三维裂隙结构的重建，由此可得 1 000×1 000×1 000 像素点的三维数字模型，这样一方面是为了充分反映油页岩内部裂隙结构的连通和分布情况，另一方面考虑到了计算机在三维重建中的运算负荷。蒸汽不同热解温度下油页岩内部裂隙分布的空间特征以及样品内部不同层位裂隙结构的孔隙率变化趋势如图 4-16 所示。

图 4-16 中最左侧的 3D（三维）渲染图为基质和裂隙的空间分布特征，中间的 3D 渲染图为裂隙在三维空间中的分布特征图，右侧为不同层位裂隙结构的孔隙率变化趋势图（横线均值线为不同层位裂隙孔隙度的均值）。则从图中可以发现，常态下油页岩内部的裂隙团数量极少，分布离散，连通性差，无法形成连通模型两个相对面的渗流通道，该状态下油页岩为不可渗透介质；随着蒸汽温度的升高，油页岩内部裂隙团的数量和规模在增加，渗透率在逐步提高；当蒸汽温度达到 382 ℃时，样品内部的裂隙面贯通了模型的渗流通路，可为流体在空间中的运移提供通道；当蒸汽温度超过 452 ℃时，样品裂隙发育较为明显，大量的裂隙形成了连

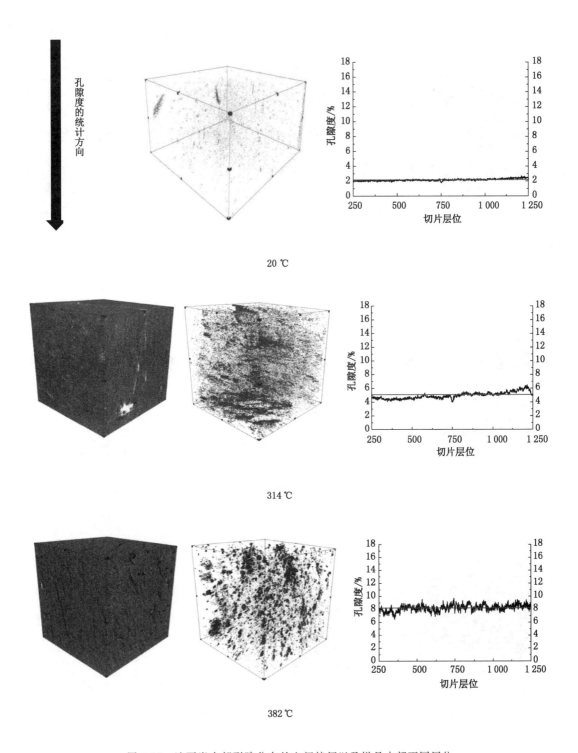

图 4-16　油页岩内部裂隙分布的空间特征以及样品内部不同层位
裂隙结构孔隙度的变化趋势

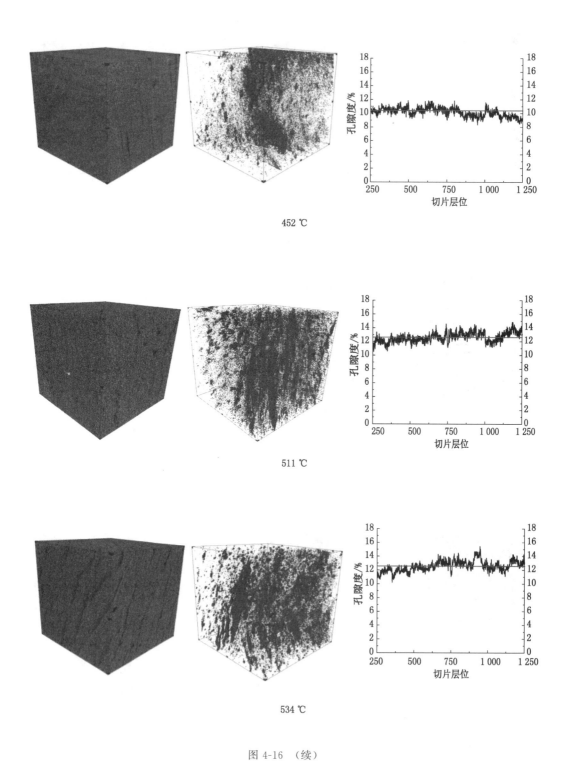

452 ℃

511 ℃

534 ℃

图 4-16 （续）

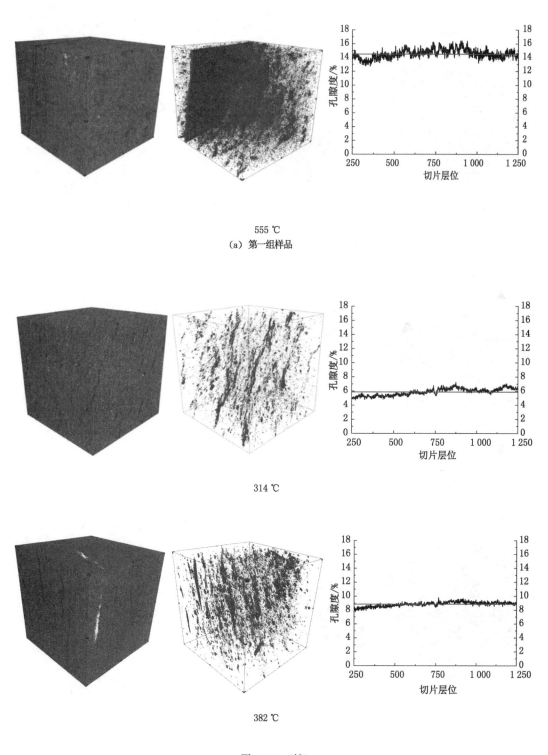

555 ℃

(a) 第一组样品

314 ℃

382 ℃

图 4-16 （续）

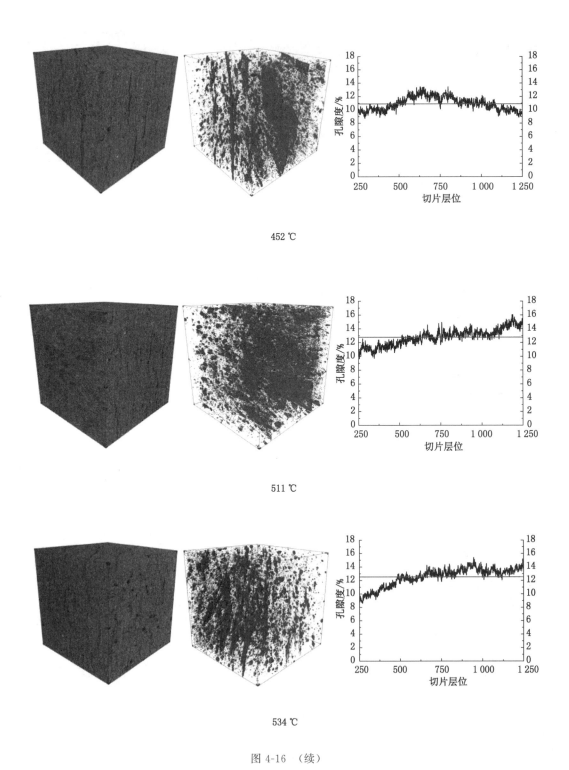

452 ℃

511 ℃

534 ℃

图 4-16 (续)

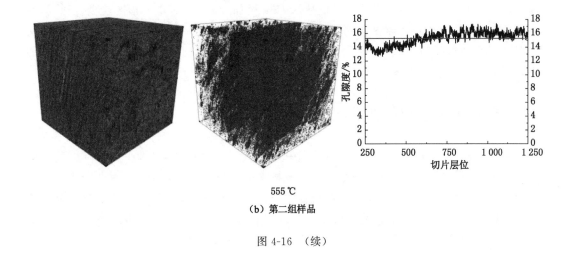

555 ℃

（b）第二组样品

图 4-16　（续）

通两个相对面的渗透通道,油页岩内部渗透通路具有较好的连通性。

　　每一个样品在不同层位切片的孔隙度变化较小,均在孔隙度均值线附近波动,这是因为油页岩是横观各向同性岩体,其热破裂形式以层理面的破裂为主,故平行层理方向油页岩孔隙度变化不大。但在高温段油页岩不同层位切片的孔隙度变化范围要大于低温段,究其原因,当热解温度较低时岩体的热破裂不明显,只有部分层理面发生热破裂;当蒸汽温度高于452 ℃时,油页岩不仅沿着层理方向发生显著地破裂,而且干酪根的分解、矿物质的软化以及高温蒸汽的运移排采均会导致岩体内部形成数量不等、规模不一的裂隙。以第一组样品为例,蒸汽热解温度分别为 452 ℃、511 ℃、534 ℃以及 555 ℃时,在平行层理方向上油页岩内部裂隙结构的孔隙度分别处于 8.35％～11.84％、10.53％～14.84％、10.21％～15.43％以及 12.75％～16.44％之间。对第一组和第二组样品的孔隙度求均值,从而得到蒸汽不同热解温度下油页岩裂隙结构的孔隙度变化特征,如图 4-17 所示。

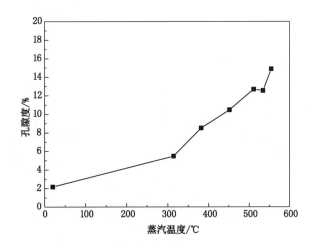

图 4-17　不同蒸汽温度下油页岩裂隙结构孔隙度的变化特征

　　从图 4-17 中可以看出,显微 CT 测试得到的油页岩孔隙度要低于压汞测试得到的油页岩孔隙度,这是因为显微 CT 只能识别微米尺度的裂隙,测试所得的孔隙度为裂隙结构的孔隙度。从常温到 314 ℃,油页岩孔隙度仅从 2.18%增加到 5.48%,增大幅度较小;当热解温度达到 555 ℃时,油页岩孔隙度达到了 14.89%。在高温蒸汽的作用下层理面破裂形成的层间缝会连通高角度的裂隙,从而形成大规模的裂隙网络结构,有利于蒸汽的热解和油气的采出,总体上,过热蒸汽热解后油页岩可视为高渗透多孔介质。

4.4　蒸汽温度对有机质热解程度的影响

在通过对流加热方式热解油页岩的过程中,高温蒸汽作为载热流体在热解有机质的同时又可以携带有机质热解形成的产物排出。该技术的关键在于:既要使得油页岩从致密低渗透岩石转变为内部发育有大规模孔隙和裂隙结构的多孔介质,又要使得以干酪根为主的有机质可以充分热解,故干酪根的热解程度充分反映了注蒸汽热解油页岩的效果。通过系统分析不同蒸汽热解温度下油页岩试样的低温干馏、工业分析以及红外光谱测试结果可以得到蒸汽温度对有机质热解程度的影响规律。不同蒸汽温度下油页岩的工业分析和低温干馏的测试结果如图 4-18 所示。

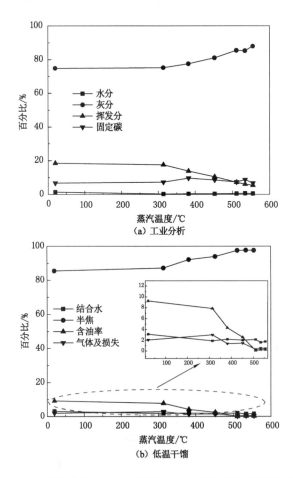

图 4-18　不同蒸汽温度下油页岩的工业分析和低温干馏测试结果

从工业分析测试结果可以发现,当温度低于 314 ℃时,油页岩内部挥发分和灰分含量变化极小,干酪根几乎未发生任何分解;蒸汽温度从 382 ℃增加到 555 ℃的过程中,挥发分含量从 13.80％减少到 5.39％,灰分含量从 77.56％增加到了 87.95％,随着蒸汽温度的提高,有机质热解程度愈来愈高。

从低温干馏测试结果可以看出,当蒸汽温度处于 314～555 ℃之间时,半焦含量随着热解温度的升高而增加,半焦是油页岩干酪根热解的产物之一,说明油页岩干酪根的分解量越来越大;常温下油页岩的含油率高达 9.25％,而当蒸汽温度处于 511～555 ℃之间时,油页岩含油率处于 0.05％～0.22％之间,由此可见在高温蒸汽作用后油页岩内部干酪根已充分热解。

4.5　本章小结

在注蒸汽热解油页岩的过程中,岩体内部会发生复杂的物理变化和化学反应。笔者通过注蒸汽热解油页岩的试验得到了蒸汽不同热解温度下的油页岩样品,对样品内部的孔隙和裂隙结构进行了 MIP 和显微 CT 分析,同时测试得到了蒸汽温度对有机质热解程度的影响特征,主要结论为:

① 注蒸汽热解和直接干馏两种热解方式下孔隙结构从简单转变为复杂的阈值温度点分别为 382 ℃和 452 ℃。当蒸汽热解温度超过 452 ℃时,过热蒸汽会充分热解滞留在死端孔隙内的有机质,携带油气产物排出,在岩体内部形成大量的"蝌蚪状"的孔洞,进行压汞试验时会发生部分汞遗留在该类型的孔隙中无法退出的现象,在退汞阶段表现为明显的迟滞现象。

② 当热解温度从常温增加到 314 ℃时,两种热解方式下孔隙孔径和孔隙度的增大程度均不明显。热解温度从 314 ℃增大到 555 ℃的过程中,注蒸汽热解条件下油页岩的平均孔径从 23.70 nm 增加到了 218.15 nm,中值孔径从 30.53 nm 增加到了 312.10 nm,孔隙度从 4.82％增加到了 32.24％;直接干馏条件下油页岩平均孔径从 21.68 nm 增加到了 145.60 nm,中值孔径从 25.05 nm 增加到了 234.50 nm,孔隙度从 4.26％增加到了28.06％。整体上,注蒸汽热解条件下油页岩的平均孔径、中值孔径和孔隙度要大于直接干馏条件下油页岩的平均孔径、中值孔径和孔隙度,高温蒸汽在不断注入热解有机质和排采油气的过程中会不断拓宽孔隙的孔径。

③ 在注蒸汽热解油页岩条件下,当热解温度高于 314 ℃时,在不同类别的孔隙中,中孔孔隙体积和大孔孔隙体积随着温度的升高而增大,小孔孔隙体积表现为先增加后减小的趋势,孔径较小的微孔和小孔逐步转变为孔径较大的中孔和大孔。各个类别孔隙所占比例表现为:中孔＞大孔≈小孔＞微孔。

④ 注蒸汽热解后的油页岩内部裂隙以微裂隙(100～＜500 μm)为主,在温度升高过程中,油页岩内部微裂隙数量在逐步增加,当蒸汽热解温度为 555 ℃时油页岩内部微裂隙数量为 381 条,是常温下的 54 倍,油页岩在高温蒸汽作用下发生了显著的热破裂;注蒸汽热解后的油页岩内部微裂隙的平均长度和平均开度分别可达 156.67 μm 和 59.85 μm。

⑤ 由于油页岩是横观各向同性岩体,其热破裂形式以层理面的破裂为主,故构建油页岩裂隙结构的三维数字模型后发现样品内部不同层位裂隙结构的孔隙率变化幅度较小。热

解温度从 20 ℃增加到 555 ℃的过程中,显微 CT 结果显示油页岩内部裂隙结构的孔隙度从 2.18%增加到了 14.89%。

⑥ 高温蒸汽热解油页岩后,油页岩内部挥发分含量大量减少,而灰分含量提高,当蒸汽温度处于 511～555 ℃之间时,油页岩含油率处于 0.05%～0.22%之间,可见在高温蒸汽作用后油页岩内部干酪根已充分热解。

第 5 章　注蒸汽热解油页岩渗透特性及各向异性演变规律

自然状态下油页岩是致密的低渗透岩石,基于此,原位开采油页岩技术需要解决两个关键性难题:首先,外部热量可以快速传递到岩体内部,从而使得有机质充分热解;其次,干酪根热解形成的油气产物需要有充足的渗流通路,从而提高油气的采收率。

油页岩充分热解后会从致密低渗状态转变为高渗透多孔介质,其物化特性发生根本性的改变。以往诸多专家学者对直接干馏热解模式下以及高温三轴应力状态下油页岩的渗透率进行了大量测试和研究,认为油页岩充分热解后其渗透率会提高数百倍,渗透系数是体积应力和孔隙压的函数,同时在热解过程中油页岩在平行层理方向和垂直层理方向上渗透率会存在明显的差异,随着热解温度的升高,在平行层理方向上油页岩渗透率的增速较快[194-195]。在这些研究中,无论油页岩是否受到外围应力的约束,其加热方式均为传导加热。

与传导加热方式相比,在以对流加热方式热解油页岩的过程中,外部热量传递到岩体内部的速率更快,热解效率更高,油气产物从被动排采转变为主动迁移,而且热流体与有机质的反应过程更为复杂。由此可见,对流加热方式与传导加热方式两种热解方式下油页岩渗透率的演变特征必然不同。以对流加热方式热解油页岩后岩体内部孔隙和裂隙发育明显,干酪根相态从固态转变为了气态,以高温蒸汽作为载热流体热解油页岩还会显著提高油气产物的品质,故注蒸汽热解油页岩实现了油页岩的原位改性流体化开采。

本章先研究了巴里坤油页岩的热解特性,再通过耐腐蚀气液两相渗透仪对蒸汽不同热解温度下的油页岩样品进行了渗透率测试,得到了平行层理和垂直层理两个方向上岩体渗透率随注蒸汽热解温度的变化规律,同时与直接干馏模式下油页岩的渗透率进行了对比分析;然后对油页岩内部的渗流通道进行流场模拟;最后通过综合渗透率测试结果和流场模拟结果系统阐述注蒸汽热解温度对油页岩渗透率各向异性系数的影响规律。

5.1　试验方法

5.1.1　渗透率测试

渗透率指的是在一定压力差条件下岩石允许流体通过的能力,该指标用于衡量岩石传导流体的能力,是反映岩体渗透特性的重要参数[196-197]。除此之外,渗透率也是进行储层开发潜力评价、开采方案制订以及产能评估时必须考虑的重要因素。渗透率的影响因素众多,比如岩体内部矿物质的粒度大小和排列、孔隙度、裂隙数量以及粗糙度等。

目前,岩石渗透率的测试方法主要可分为两大类:① 稳态法[163],该方法主要以达西定律为基础,当岩体中流体(不可吸附气体或者液体)达到稳定状态时,通过测量岩体两端的压力以及流体的流量就可以计算得到岩体的渗透率。② 瞬态法[198-199],该方法不要求流体在岩体内部达到稳定渗流状态,在获得压力与时间关系曲线的基础上对其进行微积分处理就可以计算得到渗透率,该方法测试速度较快,容易操作,主要用于测量低渗透岩石的渗透特性。

此次油页岩渗透率的测试所用的设备为太原理工大学的耐腐蚀气液两相渗透仪,如图 5-1 所示,型号为 KDQY-001,渗透率测试所用的方法为稳态法。该设备可施加的轴压处于 0~150 MPa 之间,围压处于 0~50 MPa 之间,孔隙压最大可达 25 MPa,故该设备可以进行不同地应力条件和渗透压组合下的岩石渗透率测试。

图 5-1　耐腐蚀气液两相渗透仪

该设备主要由耐腐蚀反应釜、加压装置、压力和流量传感器、数据采集系统以及辅助装置组成。耐腐蚀反应釜如图 5-2 所示,是渗透仪的核心装置,其组成构件为釜体、轴压头、围压阀以及釜体密封盖;加压装置主要起到为样品施加轴压和围压的作用,从而模拟油页岩所处的原位环境;压力和流量传感器用于监测测试过程中样品所受的轴压、围压、孔隙压以及通过样品的流体体积流量;数据采集系统主要利用平台集成的数据采集卡进行数据存储;辅助装置主要包括高纯氮气瓶和空压机等。耐腐蚀气液两相渗透仪的构造特征如图 5-3 所示。

此次渗透率测试采用高纯氮气作为渗透流体介质,基于达西定律,通过公式(5-1)对蒸汽不同热解温度下油页岩的渗透率进行计算:

$$k = \frac{2Qp_0L\mu}{(p_1^2 - p_2^2)A}$$　　　　(5-1)

式中　k——油页岩的渗透率,m²;

　　　Q——氮气的体积流量,m³/s;

　　　p_0——大气压力,0.1 MPa;

图 5-2　耐腐蚀反应釜

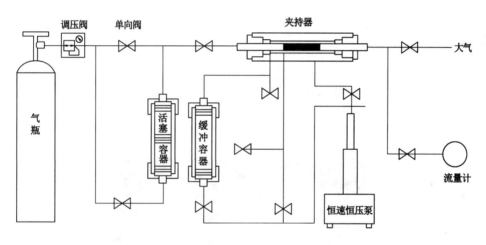

图 5-3　耐腐蚀气液两相渗透仪构造特征示意图

L——样品长度,m;

μ——气体的动力黏度,MPa·s;

p_1——样品进口端压力,MPa;

p_2——样品出口端压力,MPa;

A——样品的横截面面积,m²。

油页岩渗透率具体的测试步骤为:

① 将油页岩样品两端打磨至齐平,放入橡胶套内,然后置于反应釜内部,同时进行密封。

② 交替施加轴压和围压,达到设定值后,进行不同孔隙压下渗透率的测试。巴里坤油页岩的埋深相对较浅,此次渗透率测试选择油页岩的埋深分别为 100 m、200 m 和 300 m,应力梯度为 0.025 MPa/m,测压系数为 1.2,孔隙压在数值上要低于围压,且差距保持在2 MPa 以上,由此得到的此次试验压力设定值如表 5-1 所示。

表 5-1　压力设定值统计表

埋深/m	轴压/MPa	围压/MPa	孔隙压/MPa		
100	2.5	3	1		
200	5	6	1	2	3
300	7.5	9	1	3	6

③ 进行渗透率测试时,气体体积流量可以直接读出,出口端气体体积流量达到稳定后对数据进行记录。为了精确得到每组孔隙压力下油页岩渗透率的测试结果,将孔隙压力调至下一个预定值后,需要等待一段时间,然后再进行渗透率的测试。测试完成后,升高轴压和围压到下一个测点,重复上述的步骤进行渗透率的测试,这样便可得到油页岩样品在不同压力组合下的渗透率,每个测试条件下对 2 个样品的渗透率求均值。

5.1.2　渗流场模拟方法

注蒸汽热解油页岩后岩体内部形成了大量的孔隙和裂隙,从而作为流体渗流的通道,通过对岩体内部渗流场进行模拟就可以得到渗流通道在岩体内部的真实分布特征。在渗流场模拟过程中,先将显微 CT 扫描数据进行无损化可视处理,得到可反映岩体内部真实情况的 3D(三维)数字岩芯;然后以样品的上表面作为流场入口,下表面作为流场出口,对样品的侧面施加边界约束条件,这样可以使得外部流体无法从侧面进入岩体;最后通过流场模拟可以得到三维空间内油页岩样品在不同方向上的渗透率大小。进行渗流场模拟时所设定的边界条件如图 5-4 所示。

图 5-4　渗流场模拟所设定的边界条件示意图

油页岩可视为岩石骨架(基质)与孔隙裂隙组成的多孔介质,进行渗流场模拟时,利用纳维-斯托克斯方程进行计算:

$$\begin{cases} \nabla \cdot \boldsymbol{V} = 0 \\ \mu \, \nabla^2 \boldsymbol{V} - \nabla p = \boldsymbol{0} \end{cases} \tag{5-2}$$

式中　$\nabla \cdot$——散度算子;

$\boldsymbol{V}$——流体流速,m/s;

∇——梯度算子;

μ——流体动态黏度,MPa·s;

∇^2——拉普拉斯算子;

p——流体压力,MPa。

5.2　油页岩的热解特性

　　图 5-5 展示了渗透率测试所用的油页岩样品,认为钻孔取芯方向与油页岩层理面垂直,为垂直层理方向样品,而取芯方向与层理面平行则视为平行层理方向样品。则从图中可以看出,随着热解温度的升高,油页岩表面裂隙发育得越来越明显,裂隙的规模和数量越来越多,从而为流体的注入和采出提供了通道,所以提高热解温度会加剧油页岩的热破裂过程。在温度升高过程中,样品表面的颜色也在加深,当热解温度高于 452 ℃时,油页岩表面的颜色呈现为黑色,这是油页岩干酪根剧烈反应形成的残碳以及少量芳香族化合物的焦炭化所致。

图 5-5　不同热解温度下油页岩样品示意图

5.3　注蒸汽热解油页岩渗透率的变化特性

5.3.1　垂直层理方向上油页岩渗透率的变化

在渗透率测试中,体积应力为样品在测试过程中所受的三个方向应力的和,即为:

$$\Theta = \sigma_x + \sigma_y + \sigma_z = \sigma_1 + 2\sigma_2 \tag{5-3}$$

式中　σ_x,σ_y,σ_z——样品在 X、Y 和 Z 方向的应力,MPa;

σ_1——样品所受的轴压,MPa;

σ_2——样品所受的围压,MPa。

由此可以计算得到当油页岩埋深分别为 100 m、200 m 和 300 m 时,油页岩的体积应力分别为 8.5 MPa、17 MPa 和 25.5 MPa。

有效应力又称为等效应力,指的是岩石在载荷作用下,通过颗粒间接触面所传递的平均法向应力[200-201],其值等于总应力(体积应力)减去孔隙压力,即为:

$$\sigma_{\text{eff}} = \Theta - p_{\text{m}} \tag{5-4}$$

式中　σ_{eff}——有效应力,MPa;

p_{m}——孔隙压力,MPa。

则通过公式(5-4)就可以得到不同轴压、围压以及孔隙压组合下油页岩所受的有效应力。表 5-2 为不同热解温度和应力组合下垂直层理方向上油页岩的渗透率测试结果。

表 5-2　垂直层理方向上油页岩的渗透率

应力/MPa					热解温度/℃					
					314	382	452	511	534	555
轴压	围压	体积应力	孔隙压力	有效应力	渗透率/md					
2.5	3	8.5	1	7.5	2.84×10^{-5}	0.026	0.028	0.032	0.034	0.032
5	6	17	1	16	1.66×10^{-5}	0.022	0.026	0.026	0.028	0.027
			2	15	7.19×10^{-6}	0.011	0.017	0.018	0.018	0.020
			3	14	3.75×10^{-6}	0.011	0.013	0.012	0.014	0.014
7.5	9	25.5	1	24.5	3.86×10^{-6}	0.010	0.012	0.015	0.015	0.015
			3	22.5	2.75×10^{-6}	0.004	0.011	0.012	0.010	0.013
			6	19.5	1.08×10^{-6}	0.003	0.006	0.006	0.006	0.007

通过稳态法并未测试得到常温下油页岩的渗透率,故认为常温下油页岩的渗透率为0,通过表 5-2 可以得到不同有效应力和热解温度组合下垂直层理方向上油页岩渗透率的分布云图,如图 5-6 所示。

结合表 5-2 和图 5-6 可以发现,整体上,垂直层理方向上油页岩的渗透率较小。当热解温度为 534 ℃、有效应力为 7.5 MPa 时,渗透率最大,其值为 0.034 md;当热解温度为 314 ℃、

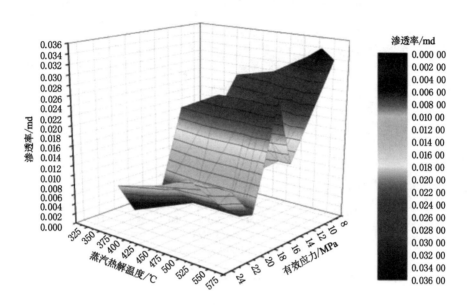

图 5-6　垂直层理方向上油页岩渗透率的分布云图

有效应力为 19.5 MPa 时,渗透率最小,仅为 1.08×10^{-6} md。当油页岩的体积应力不变时,随着孔隙压力的增大,油页岩渗透率在逐步减小,这主要是因为气体滑脱效应、氮气吸附作用以及有效应力作用三方面共同导致的。

气体滑脱效应[202-204]指的是气体在多孔介质孔道中流动时,注入气体压力逐渐减小,在靠近孔壁表面的位置气体流速不为 0,从而导致气体渗透率大于液体渗透率的现象。注入气体压力越低,则气体密度越小,滑脱效应也越明显,而滑脱效应对岩体渗透率起着正效应作用,因此当孔隙压力为 1 MPa 时气体滑脱效应促进渗透率增加的效果更加显著。

油页岩对氮气的吸附性较弱,但当孔隙压力较大时,氮气在孔隙和裂隙内的流速加快,会增加油页岩基质对氮气的吸附性,从而使得测试过程中监测到的氮气体积流量减小,渗透率在一定程度上降低。

同一体积应力下,孔隙压力越大,则有效应力越低。蒸汽热解后的油页岩为双重孔隙介质,内部发育不同类别的孔隙结构和裂隙网格系统,其中,裂隙作为流体渗流的主要通道,当有效应力增加时,在应力作用下岩体内部裂隙的开度会减小,渗流通道逐步趋于闭合,从而使得渗透率降低。

综上所述,认为当体积应力不变时,随着孔隙压力的增大,气体滑脱效应和吸附作用使得油页岩渗透率减小,有效应力使得油页岩渗透率增大,气体滑脱效应和吸附作用的影响效果要强于有效应力的作用,从而使得油页岩的渗透率总体表现为降低趋势。

图 5-7 得到了不同体积应力下垂直层理方向上油页岩渗透率随热解温度的变化特征,总体上,随着热解温度的升高,油页岩渗透率在逐步增大。在同一热解温度下,体积应力越大,油页岩渗透率越小,这是因为油页岩较大的体积应力会限制岩体内部孔隙和裂隙空间的变形和膨胀。根据渗透率增大速率的不同可将渗透率的变化分为三个阶段:

第一阶段(常温~314 ℃),渗透率的增加幅度极小,仅从 0 增加到量级为 10^{-6} md,在该温度范围内虽然油页岩发生热破裂,但破裂形式主要以层理面的起裂为主,在垂直层

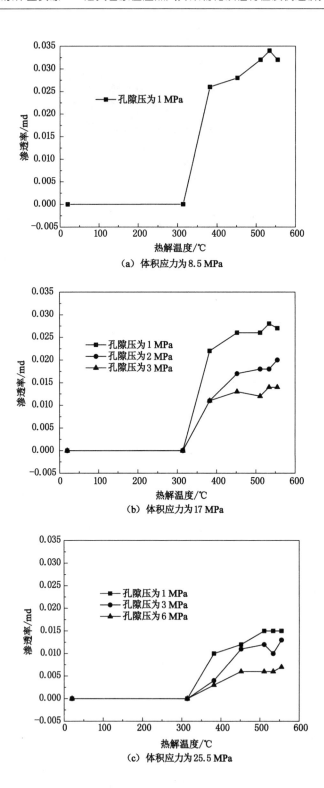

图 5-7　垂直层理方向上油页岩渗透率随热解温度的变化规律

理方向仅仅形成较少的微裂隙,并未形成显著的次生裂隙,故在垂直层理方向上渗透率改变极小。

第二阶段(314～382 ℃),渗透率增大速率显著。当体积应力为 25.5 MPa、孔隙压力为 6 MPa 时,热解温度从 314 ℃增加到 382 ℃,渗透率增大了 2 777 倍;当体积应力为 8.5 MPa、孔隙压力为 1 MPa 时,热解温度从 314 ℃增加到 382 ℃,渗透率增大了 915 倍;该温度范围内油页岩渗透率的增加主要还是由于油页岩的热破裂,在此温度区间内岩体内部不同矿物之间的热膨胀差异更加显著,油页岩不仅发生层理破裂,而且形成层间破裂,形成较多的次生裂隙贯通样品内部,形成一定的渗流通道。

第三阶段(382～555 ℃),渗透率增大速率减小,但依然在逐步增加。当热解温度达到 452 ℃时,油页岩的热破裂已经十分显著,此时达到有机质的有效热解温度,油页岩渗透率的增加从以热破裂为主逐步过渡为以热解作用为主,故渗透率增加速率在变缓。热解温度从 382 ℃增加到 555 ℃,渗透率增幅在 1.23 倍～3.25 倍之间,当体积应力为 8.5 MPa、孔隙压力为 1 MPa 时,渗透率增幅为 1.23 倍;当体积应力为 25.5 MPa、孔隙压力为 3 MPa 时,渗透率增幅为 3.25 倍。

总体上,垂直层理方向上油页岩的渗透率较小,其量级最大也仅为 10^{-2} md,这主要是因为过热蒸汽热解后油页岩内部裂隙的形成主要归于大量弱胶结层理面的破裂,而层理面的破裂对垂直层理方向上渗透率的影响效果小;以高温蒸汽作为载热流体热解油页岩,使得岩体内部处于拉应力状态,则破裂的层理面容易在拉伸作用下发生脆性断裂,形成与层理面有一斜交角度的层间裂隙(次生裂隙),这就使得油页岩内部的裂隙在空间形态上表现为网格状,但整体上层间裂隙的数量和尺度要远小于层理面破裂形成的裂隙,故注蒸汽热解后垂直层理方向上油页岩的渗透率依然较低。

5.3.2　平行层理方向上油页岩渗透率的变化

表 5-3 为不同热解温度和应力组合下平行层理方向上油页岩的渗透率测试结果。通过稳态法依然没有测试得到常温下油页岩的渗透率,图 5-8 为不同有效应力和热解温度组合下平行层理方向上油页岩渗透率的分布云图。

表 5-3　平行层理方向油页岩的渗透率

应力/MPa					热解温度/℃					
轴压	围压	体积应力	孔隙压力	有效应力	314	382	452	511	534	555
					渗透率/md					
2.5	3	8.5	1	7.5	0.266	0.371	1.061	2.048	1.982	2.262
5	6	17	1	16	0.201	0.316	0.888	1.605	1.743	2.145
			2	15	0.169	0.222	0.439	0.946	1.109	1.310
			3	14	0.134	0.174	0.342	0.765	0.882	1.035
7.5	9	25.5	1	24.5	0.173	0.208	0.701	1.550	1.708	2.145
			3	22.5	0.128	0.172	0.350	0.745	0.873	1.030
			6	19.5	0.114	0.144	0.291	0.637	0.751	0.893

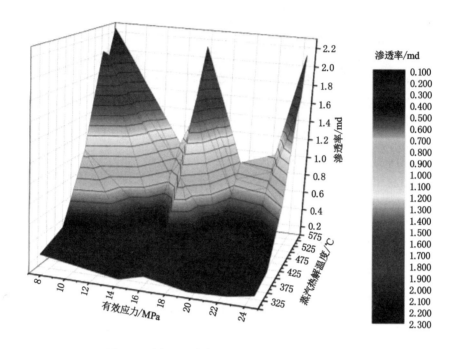

图 5-8　平行层理方向上油页岩渗透率的分布云图

　　结合表 5-3 和图 5-8 可以发现,整体上,平行层理方向上油页岩渗透率的量级要远大于垂直层理方向上油页岩渗透率的量级。当热解温度为 555 ℃、有效应力为 7.5 MPa 时,渗透率最大,其值为 2.262 md;当热解温度为 314 ℃、有效应力为 19.5 MPa 时,渗透率最小,仅为 0.114 md。当油页岩的体积应力不变时,随着孔隙压力的增大,平行层理方向上油页岩渗透率同样在逐步减小,这也是由气体滑脱效应、氮气吸附作用以及有效应力作用三方面共同导致的。

　　图 5-9 得到了不同体积应力下平行层理方向上油页岩渗透率随热解温度的变化特征,随着热解温度的升高,油页岩渗透率在逐步增大。当孔隙压力不变时,随着体积应力的增加,层理面破裂形成的裂隙面受到的约束作用愈加明显,油页岩内部空间被压缩,表现为渗透率的逐步减小。根据平行层理方向上油页岩渗透率随热解温度变化速率的不同可将渗透率的变化分为两个阶段:

　　第一阶段(常温~382 ℃),在该温度范围内,随着热解温度的升高,渗透率增大速率较为缓慢,增幅较小。该阶段随着热解温度的升高,层理面逐渐在高温流体的作用下发生热破裂,高温蒸汽沿着破裂的层理面进入岩体内继续进行传热和换热,则油页岩内部不同密度颗粒的热膨胀效应也愈加显著,在硬质矿物周边容易形成应力集中现象,从而形成一定数量的沿晶裂隙。综合而言,在该阶段层理面的破裂是渗透率提高的主导因素,但该温度范围没有达到干酪根的有效热解温度,大量干酪根变化以相态软化为主,故渗透率的增大速率较为缓慢。

　　第二阶段(382~555 ℃),在该温度区间,随着热解温度的升高,渗透率增大速率较快,增幅显著。这主要有三方面的原因,其一,热解温度越高,则传热和换热效率就越高,油页岩层理面的破裂就越显著,从而使得裂隙面的数量、长度和开度都会增加;其二,油页岩干酪根开始热解,产生气态的油气产物,则由此会形成孔隙和裂隙,而且蒸汽携带油气排出过程中

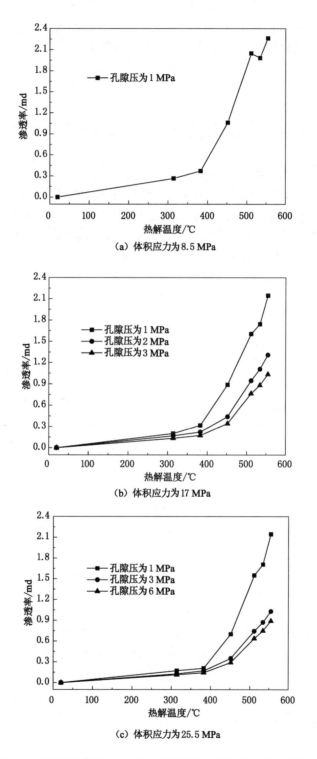

图 5-9　平行层理方向上油页岩渗透率随热解温度的变化规律

会显著拓宽孔隙和裂隙空间,增大渗流范围;其三,高温蒸汽与烃类气体、一氧化碳以及残碳等物质发生复杂的化学反应,生成大量的氢气,进而形成许多还原性极强的 H 离子,同样会扩大孔隙和裂隙空间。总而言之,当蒸汽热解温度超过 382 ℃时,在高温蒸汽作用下岩体内部发生复杂的物性变化和化学反应,在热破裂和热解作用的综合影响下渗透率快速增大。

5.4　注蒸汽热解油页岩渗透率各向异性特征的演变

常温下油页岩石各向异性明显的沉积岩,以高温蒸汽作为载热流体热解油页岩,层理面最容易发生热破裂,形成的裂隙面作为注蒸汽热解油页岩的主要通道,这也使得平行层理方向上油页岩的渗透率远大于垂直层理方向上油页岩的渗透率。高温蒸汽在岩体内部的流速以及热解范围受平行层理和垂直层理两个方向上渗透率的影响,故研究不同热解温度下油页岩各向异性演化的特征是尤为必要的。我们将油页岩平行层理方向上的渗透率与垂直层理方向上的渗透率的比值定义为渗透率各向异性系数,如公式 5-5 所示。

$$\eta_k = K_{par}/K_{per} \qquad (5\text{-}5)$$

式中　η_k——渗透率向异性;

　　　K_{par}——平行层理方向上的渗透率;

　　　K_{per}——垂直层理方向上的渗透率。

图 5-10 显示了稳态法测试得到的不同热解温度下油页岩渗透率各向异性系数的变化规律,从图中可以看出,当热解温度为 314 ℃时,渗透率各向异性系数达到最大值,这主要是因为在平行层理方向上油页岩发生层理面的破裂,形成了可以连通两个相对面的渗流通路,流体可以较为快速的通过,而在垂直层理方向上裂隙极少,无法为流体渗透提供良好通路,流体通过岩体的两个相对面会受到较大的阻力,故平行于层理方向上的渗透率远大于垂直层理方向上的渗透率。当热解温度处于 382～555 ℃之间时,渗透率各向异性系数均处于较小水平,最小仅为 14.3,最大为 127.6,这是因为高温下油页岩热破裂更加明显,干酪根开始大量裂解,在垂直层理方向上开始发育较多的次生裂隙,为垂直层理方向流体的注入和运移提供了渗流通路,也就减小了各向异性系数。

从图中还可以发现,热解温度从 382 ℃增加到 555 ℃的过程中,渗透率各向异性系数几乎呈现出逐渐增大趋势,说明平行层理方向上渗透率的增大幅度要明显于垂直层理方向上渗透率的增大幅度。由此可见,注蒸汽热解油页岩过程中,当热解温度达到干酪根的有效热解温度后,层理面的大量破裂、干酪根的大量裂解以及蒸汽和油气产物的运移导致岩体内部形成大量的平行层理方向上的裂隙,作为流体渗流的主导通道;蒸汽温度越高,其能量和压力就越大,干酪根热解的越剧烈,蒸汽携带油气产物排采出来的过程中对孔隙和裂隙的拓展和拓宽效果越明显,也就意味着在平行层理方向上流体运移速率和运移量越高。垂直层理方向上裂隙不是流体传热和运移的主要通道,大部分区域主要依靠热传导方式进行热解,但热传导方式的传热效率较低,所以在升温过程中在垂直层理方向上次生裂隙的形成速率以及演变速率较慢,表现为渗透率在较小的量级内变化。选取蒸汽热解后油页岩内部 800×800×800 的像素点进行流场模拟,最终岩体内部的渗流通路以流线的形式展示。两组样品的流场模拟结果如图 5-11 所示。

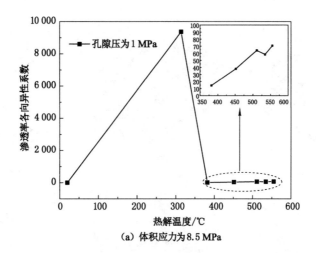

（a）体积应力为 8.5 MPa

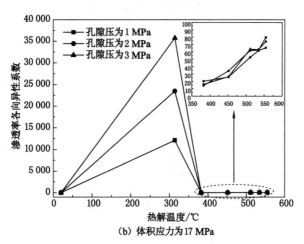

（b）体积应力为 17 MPa

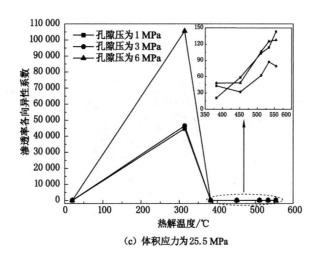

（c）体积应力为 25.5 MPa

图 5-10 不同热解温度下油页岩渗透率各向异性系数的变化规律

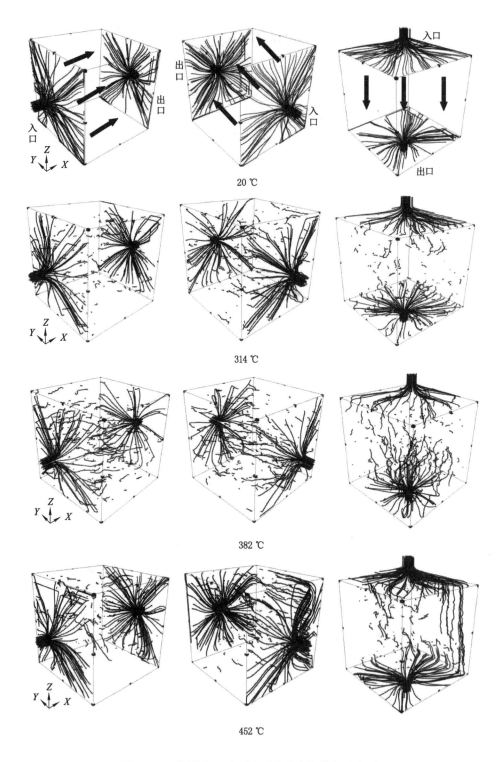

图 5-11　不同热解温度下油页岩的流场模拟示意图

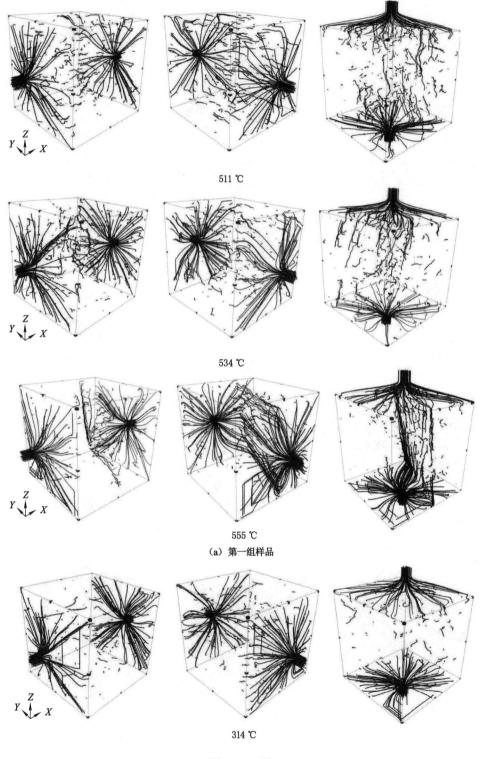

511 ℃

534 ℃

555 ℃

（a）第一组样品

314 ℃

图 5-11 （续）

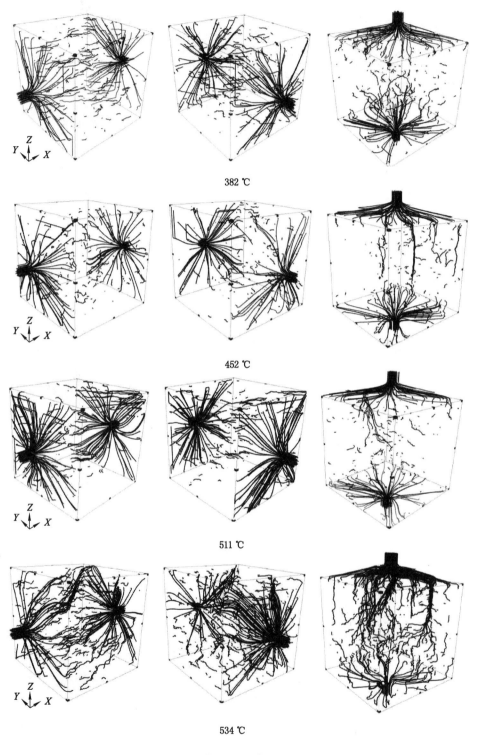

382 ℃

452 ℃

511 ℃

534 ℃

图 5-11 （续）

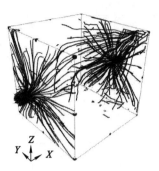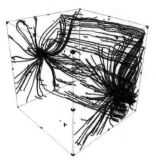

555 ℃

(b) 第二组样品

图 5-11 （续）

从图 5-11 中可以看出,常温下油页岩样品内部各个方向几乎均不存在渗流通路,所有流线几乎都处于模拟所设定的流场入口和出口位置,说明各个方向油页岩的渗透率均较低。当热解温度为 314 ℃时,在 X 方向上样品内部存在极少的流线,处于流场入口和出口位置的流线占主导地位,说明在 X 方向油页岩的渗透率极低;在 Y 方向和 Z 方向样品内部存在一定数量的流线,但并未构成较大范围的渗流通路,说明在该温度下油页岩热破裂形成的裂隙较为独立,没有大范围的相互连通,故形成的流场分布较为局限,没有形成较为完善的渗流通路。当热解温度超过 382 ℃时,样品的 X 方向、Y 方向以及 Z 方向内部均产生较多的流线,但三个方向的流线分布特征、规模以及连通性存在差异,Y 方向和 Z 方向流线的分布特征和连通性较为类似,存在数量较多且贯通的裂隙,而 X 方向流线分布较为稀疏,分布规模较小,连通性相对较差。因为 Y 方向和 Z 方向模拟流场方向均平行于层理方向,而 X 方向流场模拟方向垂直于层理方向,由此可见流体在油页岩内部渗流和运移过程中,其通道主要是层理面破裂形成的贯通裂隙面,而在垂直层理方向上裂隙分布范围小,分布较为零散,油页岩的原生裂隙和新生的次生裂隙作为流体运移的主要通路,流体在该方向运移所需的难度较大,渗流通路较为曲折,同样的时间内在平行层理方向上流体的流出量要远高于在垂直层理方向上流体的流出量。当蒸汽温度达到 534 ℃和 555 ℃时,在 X 方向上的流线数量增加,在流场入口和出口间可以形成完整的渗流通道,渗透率增加明显,而在 Y 方向和 Z 方向上存在大量的完整的流线,大规模的连通裂隙为流体的运移提供了通道,油页岩的渗透率较高。相比于传导加热,注蒸汽热解油页岩的传热效率更高,换热效果更加明显,在同等的温度下油页岩的热破裂效果更为显著;而相比于以普通载热流体热解油页岩技术,注蒸汽热解油页岩会引起更为复杂和剧烈的干酪根热解反应,在这样的综合作用下形成大量贯通样品的裂隙通道,使得在样品内部分布的流线较为密集。对不同热解温度下油页岩各个方向的渗透率结果进行统计,如表 5-4 所示。

表 5-4   注蒸汽热解后油页岩不同方向的渗透率模拟计算结果

样品组别	热解温度/℃	渗透率/md		
		X 方向	Y 方向	Z 方向
第一组	314	0.000 4	0.18	0.19
	382	0.030	0.56	0.50
	452	0.029	1.21	1.33
	511	0.031	1.41	1.26
	534	0.055	1.37	1.34
	555	0.047	2.13	2.21
第二组	314	0.000 5	0.18	0.19
	382	0.031	0.44	0.46
	452	0.029	0.91	0.87
	511	0.030	1.16	1.02
	534	0.079	2.81	3.02
	555	0.067	2.88	2.99

通过表 5-4 可以发现,通过模拟得到的油页岩渗透率要普遍低于耐腐蚀气液两相渗透仪测试得到的渗透率,因为显微 CT 扫描最小只能识别孔径为 5.1 μm 的像素点,即孔径低于 5.1 μm 的孔隙无法识别,而流体在微米级别的孔隙和裂隙中可以快速通过。另一方面,在进行渗透率测试试验时,油页岩虽然受到了外围应力的约束,但是注入的不同压力的氮气会改变孔隙和裂隙的结构,拓宽渗流通路,尤其对于高温后的油页岩,该效应更加明显。综合两个方面的原因,流场模拟得到的油页岩各个方向渗透率要偏低。在表中,Y 方向和 Z 方向均是平行层理方向,故渗透率值较为接近,先对 Y 方向和 Z 方向的渗透率求均值,然后认为该值与 X 方向渗透率的比值为各向异性系数,由此得到的不同热解温度下油页岩渗透率各向异性系数的变化趋势如图 5-12 所示。

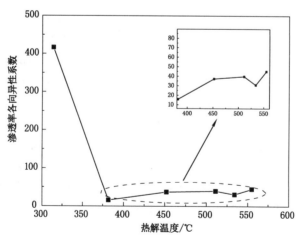

图 5-12   模拟得到的油页岩渗透率各向异性系数的变化规律

在图 5-12 中,当热解温度为 314 ℃时,与试验测试结果相比,模拟得到的各向异性系数量级要低,这是因为该温度下层理面间的裂隙相对较少,且分布零散,模拟所用的样品尺寸为 800 个像素点,也就是尺度为 4 mm 的样品,模拟范围相对较小,岩体内部发育的垂直层理方向的上裂隙会影响最终结果。当热解温度从 382 ℃增加到 555 ℃时,渗透率各向异性系数较小,基本呈现缓慢增加趋势,其值从 15.8 增至 45.0。整体上,在注蒸汽热解油页岩过程中,当热解温度达到干酪根的有效热解温度时,在岩体内部显著的热破裂以及复杂的热解作用下,油页岩渗透率各向异性系数明显降低,各向异性程度减弱,岩体更容易向均质化演变。

5.5　不同热解方式下油页岩渗透率的对比分析

上文得到了高温蒸汽作用下油页岩在垂直层理方向上和平行层理方向上的渗透率,通过注蒸汽热解油页岩试验得到了 6 个温度点下的油页岩样品。基于此,设置马弗炉温度为相同的温度值,同样每个温度点下热解的样品数量为 2,通过多层铝箔纸包裹油页岩样品,同时在马弗炉的加热过程中在炉体内部通入高纯氮气,氮气的通入速率控制为 20 mL/min,以保证油页岩的热解处于绝氧环境中。在该试验中,由于油页岩样品被多层铝箔纸紧密包裹,所以流体侵入油页岩的阻力极大,比流量极小。从科学角度讲,通过马弗炉对油页岩进行干馏,传导加热占有绝对主导地位。最后依然利用耐腐蚀气液两相渗透仪对不同热解温度下油页岩的渗透率进行测试,由此便可以对对流加热模式下和直接干馏模式下油页岩渗透率的变化情况进行对比研究。

通过渗透率测试结果发现,无论是对流加热模式还是直接干馏模式,垂直层理方向上油页岩的渗透率值较为接近,均处于较低水平,热解温度从 314 ℃升高至 382 ℃过程中,渗透率的量级均从 10^{-6} md 增加至 10^{-3} md。这说明无论采用哪种加热方式,高温下油页岩层理面的破裂程度要远远显著于垂直层理面岩体的破裂程度,在垂直层理方向上岩体仅会形成微小的渗流通道。两种热解模式下油页岩渗透率的区别主要体现在平行层理方向上,以孔隙压力为 1 MPa 为例,不同轴压和围压组合下两种热解模式下的油页岩在平行层理方向上渗透率的变化特征如图 5-13 所示。

从图 5-13 中可以看出,当热解温度为 314 ℃时,对流加热和直接干馏两种模式下油页岩在平行层理方向的渗透率值较低。在该温度下油页岩内部有机质并未发生裂解,其变化主要以物理形态的软化为主,而渗透率变化的主要原因是岩体内部的热破裂引起的。油页岩内部各个矿物和有机质的密度不同,而且在空间上无规则的分散着,当岩体受外界热量作用时,不同矿物的温度不同,热膨胀效应也不同,在矿物的邻接处会发生破裂,而且破裂的程度会随着外界温度的升高而加剧。总体上,该温度下对流加热模式下油页岩的渗透率略高于直接干馏模式下油页岩的渗透率,这是因为对流加热的传热效率要高于传导加热。

当热解温度从 314 ℃增加到 382 ℃,对流加热模式下油页岩在平行层理方向上渗透率的增大速度要显著高于直接干馏模式下油页岩在平行层理方向上渗透率的增大速度。油页岩层理结构的接触面强度较低,而对流加热模式下高温蒸汽的传热和换热效率很高,高温蒸汽会沿着岩体内部的微小裂隙逐步渗透到岩体内部,从而加大了换热面积,使层理间弱面更加容易发生破裂,同时蒸汽在渗透和传热过程中还会继续拓宽孔裂隙通道,从而形成较多的

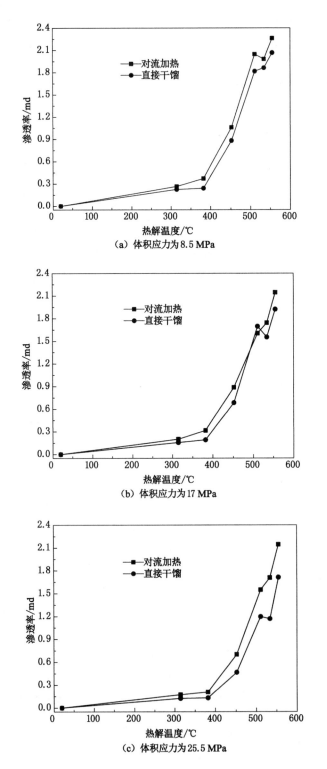

（a）体积应力为 8.5 MPa

（b）体积应力为 17 MPa

（c）体积应力为 25.5 MPa

图 5-13　两种热解模式下平行层理方向上油页岩渗透率随温度的变化规律

渗流通道。在直接干馏模式下,热量从岩体表面传递到内部的效率依然较低,虽然岩体内部发生热破裂的程度加强,但干酪根的软化有可能堵塞孔裂隙通道,表现为渗透率增加缓慢。

当热解温度高于 382 ℃时,两种热解方式下油页岩在平行层理方向上渗透率的增加速率均较快,干酪根达到有效热解温度后会裂解为油气产物,在热解作用和热破裂的双重作用下,油页岩内部会形成大量的孔隙和裂隙通道,从而显著提高了岩体的渗透率,而且热解温度越高,岩体内部热破裂愈加显著,干酪根的热解作用更加剧烈。整体上,对流加热模式下油页岩的渗透率要高于直接干馏模式下油页岩的渗透率,究其原因,在直接干馏模式下,干酪根裂解的速率较低,形成的油气主动迁移能力差;而在对流加热模式下,高温流体可快速流动与矿体进行热交换,大大缩短了有机质达到有效热解温度的时间,同时高温蒸汽可以携带有机质裂解生成的油气产物排出,油气主动迁移能力高。

5.6　本章小结

本章主要结合渗透率测试手段以及流场模拟方法对蒸汽热解后油页岩样品的渗透率进行了研究,得到了平行层理方向上的渗透率、垂直层理方向上的渗透率以及各向异性系数随蒸汽热解温度的演变规律,同时与直接干馏条件下油页岩的渗透率进行了对比分析,主要结论为:

① 高温蒸汽热解条件下垂直层理方向上油页岩的渗透率较小,其量级最大也仅为 10^{-2} md。根据渗透率增大速率的不同可将渗透率的变化分为三个阶段:第一阶段(常温～314 ℃),渗透率的增加幅度极小,仅从 0 增加到量级为 10^{-6} md;第二阶段(314～382 ℃),渗透率增大速率显著,增幅在 915～2 777 倍之间;第三阶段(382～555 ℃),渗透率增大速率减小,增幅在 1.23～3.25 倍之间。

② 平行层理方向上油页岩渗透率的量级要远大于垂直层理方向上油页岩渗透率的量级,当热解温度为 555 ℃、有效应力为 7.5 MPa 时,渗透率最大,其值为 2.262 md。热解温度从常温增至 382 ℃,渗透率增大速率较为缓慢,增幅较小;当温度处于 382～555 ℃之间时,随着热解温度的升高,渗透率增大速率较快,增幅显著。

③ 综合渗透率测试结果和流场模拟结果可以得到,当热解温度为 314 ℃时,渗透率各向异性系数达到最大值,主要因为在平行层理方向上油页岩发生层理面的破裂,而在垂直层理方向上裂隙极少,无法为流体渗透提供良好通路;热解温度从 382 ℃增加到 555 ℃的过程中,渗透率各向异性系数较小,基本上呈缓慢增加趋势,渗透率试验得到的渗透率各向异性系数处于 14.3～127.6 之间,流场模拟得到的油页岩渗透率各向异性系数在 15.8～45.0 之间。在显著的热破裂以及复杂的热解作用下,油页岩更容易向均质化演变。

通过对比直接干馏和对流加热两种热解方式下油页岩的渗透率,结果可以发现,热解温度较低时对流加热模式下流体的换热和传热效率高,热解温度较高时注蒸汽热解油页岩得到的油气产物主动迁移能力高。故在平行层理方向上对流加热模式下油页岩的渗透率要明显高于直接干馏条件下油页岩的渗透率,尤其是当热解温度处于 314～382 ℃之间时,二者渗透率的差距较为明显。

第6章 长反应距离下注蒸汽热解油页岩产物生成特性研究

在较低的热解温度下油页岩干酪根会形成黏稠的且可以被有机溶剂溶解的沥青质(中间产物)[205-206]，在干酪根形成沥青质的过程中其内部仅有部分键能较弱的共价键发生断裂，故沥青质的空间结构与干酪根类似，依然为大分子结构。通过进一步热解中间产物沥青质会发生裂解形成页岩油、页岩气和半焦产物，在绝氧干馏条件下，油气产物内部的脂肪族化合物含量较高[207-209]。油页岩的热解主要包括干酪根转化为沥青质、沥青质裂解形成初级产物以及初级挥发分的二次反应等过程[210-211]。

煤炭、油砂以及油页岩等化石燃料的热解反应为自由基反应，该反应指共价键发生断裂后，共用电子对发生分离，每个不稳定碎片上重新获得一个电子的化学反应[212-213]。在不同的热解温度下键能不同的共价键断裂，从而形成许多游离的自由基，自由基相互之间可以重组，也可以与其他不稳定离子反应，又或者继续发生断裂反应，进而形成小分子化合物。前人等进行了大量的油页岩干馏试验，对不同热解温度下油页岩热解产物特征及形成机理进行了系统研究，但试验过程中基本上均通以氮气或者稀有气体(氩气、氦气等)作为保护气体。以对流加热方式原位开采油页岩的过程中，以不同类型的载热流体作为介质热解油页岩，则流体对油页岩热解的影响特征就不同，有机质裂解形成的油气产量和组分就各异。

太原理工大学的"对流加热油页岩开采油气技术(MTI)"以高温蒸汽为热载体对流加热油页岩矿层，不同的热解参数会较大程度影响油页岩热解产物的特征。本团队多年的研究表明，反应距离的延长对页岩油和页岩气品质的改善均具有积极的作用。本章拟进行长反应距离下注高温蒸汽热解油页岩开采油气的试验，改变热解温度和热解时间，对高温蒸汽作用下油页岩热解产物的品质进行深入研究，以期进一步解释注蒸汽热解油页岩提质的机理与规律，并获取注蒸汽热解油页岩的最优工艺参数。

6.1 试验方案

6.1.1 试验记录

本章热解试验所用的系统主体部分同样为第4章所用的注蒸汽热解油页岩反应系统，试验具体的操作步骤为：

① 在长距离反应釜内部填满较为破碎的油页岩块体，将反应釜两端的法兰分别与注气端盲板和采气端盲板固定紧实。先加热蒸汽锅炉的釜体，待釜体内温度达到150 ℃左右再打开锅炉外部阀门，从而使得蒸汽可以进入长距离反应釜，进行长距离反应釜的预热工作。在注蒸汽热解油页岩过程中，列管式冷凝器的采油采气阀门一直处于开启状态。

② 当长距离反应釜末端的测点温度达到 100 ℃时,说明长距离反应釜的预热工作完成,此时对锅炉釜体外围的过热管进行加热,使得蒸汽温度可以快速提高。以长距离反应釜注气端温度为准,设定不同的温度点,进行不同注热温度下油气的采集工作。

③ 在整个试验过程中,不仅要进行不同温度下油气收集工作,同时还要观察不同温度下油气产量的变化。对于油气产量最大的温度点,要控制温度不变,延长热解时间,从而进行不同热解时间下油气的收集。对油页岩热解产出的气体进行气相色谱分析,通过气相色谱-质谱联用仪对油页岩裂解形成的页岩油进行成分测定,从而系统得到长反应距离下热解温度和热解时间对油气品质的影响规律。

6.1.2　试验过程及现象描述

表 6-1 为注蒸汽热解油页岩试验中的蒸汽发生器、注热管和注气端温度以及产气量等参数的统计结果。当注气端温度低于 300 ℃时,未有油气产出;当注气端温度达到 330 ℃时,列管式冷凝器采气端有极少量的气体产出,开始收集气体,而此时列管式冷凝器下端只排出少量的淡黄色液体,并未产出页岩油;当温度达到 350 ℃时,冷凝液体的颜色加深,此时应该形成极微量的页岩油,在温度升高的过程中,冷凝液体的颜色逐渐加深,开始有少量的页岩油产出,故在低温下只收集到了 350～400 ℃这一温度段内的页岩油;当温度超过 425 ℃时,油页岩干酪根的热解反应变得较为剧烈,产生了较多的油气,故从该温度点开始每隔一定温度进行油气的收集工作。

表 6-1　注蒸汽热解油页岩开采油气的试验记录表

时间 /min	蒸汽发生器		注热管 温度/℃	注气端 温度/℃	冷凝管 温度/℃	产气量 /(m³)	备注
	压力/MPa	温度/℃					
0	0	21.33	79.4	23.6	23	44.07	开火
7	0	23.93	94.0	23.6	23	44.07	
27	0.4	164.91	151.5	23.9	23	44.07	蒸汽阀门开启
44	0.3	161.55	525	269.5	23	44.08	
48	0.3	162.59	530	302.6	23	44.08	无法采集到油气
50	0.3	162.12	528	318.0	23	44.08	
52	0.3	161.73	525	330.4	23	44.08	气量小,第一次采气
55	0.3	161.20	514	346.2	23	44.08	第一次开始采油,出油量很小
61	0.2	161.10	520	372.0	23	44.09	
64	0.2	161.79	518	383.9	23	44.09	气量渐增,第二次采气
66	0.2	161.88	511	390.2	23	44.09	
71	0.2	162.25	529	403.4	23	44.10	第一次采油结束
77	0.2	160.87	528	415.7	23	44.10	
80	0.2	160.84	524	422.4	23	44.10	第三次采气,第二次采油
88	0.2	159.59	520	432.9	23	44.10	
101	0.2	161.69	567	453.1	24	44.10	

表 6-1(续)

时间 /min	蒸汽发生器		注热管 温度/℃	注气端 温度/℃	冷凝管 温度/℃	产气量 /(m³)	备注
	压力/MPa	温度/℃					
105	0.2	162.22	568	464.1	24	44.10	
111	0.2	162.82	566	475.4	23	44.11	气量较大,第四次采气;出油量增多,第三次采油
123	0.2	161.72	560	488.0	23	44.148	
135	0.2	162.36	550	500.7	23	44.195	第四次采油,第五次采气
144	0.2	162.30	573	507.8	23	44.214	
153	0.2	161.49	583	515.3	23	44.221	第五次采油,第六次采气
185	0.2	157.23	569	523.5	24	44.322	
198	0.2	156.33	568	524.6	24	44.368	第七次采气
207	0.2	158.07	585	521.4	24	44.408	
218	0.2	156.97	597	531.4	24	44.457	第六次采油
225	0.2	156.99	593	536.0	24	44.491	第八次采气
231	0.2	156.58	598	540.4	24	44.492	第九次采气
249	0.2	155.21	579	543.1	24	44.514	
260	0.2	154.96	585	545.9	24	44.568	第七次采油,第十次采气
281	0.2	154.90	589	550.3	24	44.588	
286	0.2	154.68	598	549.8	24	44.94	
298	0.2	155.62	602	555.3	24	44.602	第八次采油,第十一次采气
314	0.2	154.60	602	554.6	24	44.619	
326	0.2	155.91	604	558.0	24	44.631	第十二次采气
336	0.2	154.35	591	555.2	24	44.666	
341	0.2	153.76	583	555.5	24	44.681	第十三次采气
351	0.2	153.64	603	556.7	24	44.707	
358	0.2	154.02	594	557.0	24	44.729	第九次采油,第十四次采气
366	0.2	153.37	587	557.7	24	44.739	
372	0.2	153.78	595	557.2	24	44.754	第十五次采气
385	0.2	152.28	585	557.3	24	44.792	
392	0.2	152.12	588	556.1	24	44.795	第十次采油,第十六次采气
401	0.2	154.74	608	557.8	24	44.795	
414	0.2	155.98	603	558.9	24	44.804	第十一次采油,第十七次采气
429	0.2	153.95	592	556.2	24	44.834	
447	0.2	156.33	591	558.4	24	44.878	第十二次采油,第十八次采气
452	0.2	155.94	587	557.4	24	44.888	
471	0.2	155.61	573	555.8	24	44.920	第十三次采油
504	0.2	163.05	579	551.7	24	44.978	

表 6-1（续）

时间 /min	蒸汽发生器		注热管 温度/℃	注气端 温度/℃	冷凝管 温度/℃	产气量 /(m³)	备注
	压力/MPa	温度/℃					
524	0.2	161.90	571	552.8	24	45.013	
531	0.2	162.17	569	552.4	24	45.025	
542	0.2	162.11	568	549.9	24	45.041	第十四次采油,第十九次采气, 停止试验
549	0.2	162.95	566	549.0	24	45.053	
557	0.2	161.18	563	547.2	24	45.066	
562	0.2	161.80	561	546.2	24	45.074	
565	0.2	162.81	555	545.6	24	45.081	

当注热管温度达到 500 ℃时,冷凝管下端大量的黑褐色液体排出,气体产量也在继续增大,油页岩的热解反应变得十分剧烈,故认为 500 ℃是油气大量产出的温度点,现场工业应用中注热管的温度也应达到 500 ℃。为了得到油气大量产出阶段下温度对油气品质的影响特征,此后每隔 10～15 ℃便进行油气采集工作。注热温度为 555 ℃时,试验观测到页岩油的排出量和排出速率达到最大,油页岩热解的剧烈程度要超过其他温度点,故控制该温度不变,延长热解时间,进行不同热解时间下油气的收集。当热解温度为 555 ℃、热解时间达到 4 h 时后,油气的排出量减少,油页岩的热解趋于完成,即停止试验。

在此次注蒸汽热解油页岩的试验过程中,热解前长距离反应釜内油页岩样品的质量为 30.2 kg,热解后油页岩半焦的质量为 25.45 kg,热解损失质量为 4.75 kg,由此计算得到油页岩的失重率为 15.73%。除此之外,在长达 565 min 的热解试验过程中共消耗的纯净水量为 318.34 L。

6.2　热解后油页岩的形貌特征

图 6-1 给出了注热开采过程中蒸汽发生器温度和压力的变化规律,从图可见,当蒸汽输出达到稳定后蒸汽发生器的温度和压力基本保持稳定,过热管的温度在 500～600 ℃之间变化。

图 6-2 显示了注蒸汽热解油页岩过程中气体产量的变化趋势,随着热解的不断进行,产气量在不断加大。当热解时间低于 120 min 时,产气量的增加速率较小,油页岩热解较为缓慢;而当热解时间超过 120 min 时,随着热解时间的延长,产气量呈线性趋势增大,并且增大速率较快,油页岩热解剧烈,形成大量的小分子挥发物。热解前气体煤气表读数为 44.07 m³,试验完成后煤气表最终读数为 45.092 m³,在此次注蒸汽热解油页岩试验中最终得到的气体产量达到了 1.022 m³。

图 6-3 为油页岩注蒸汽热解后的形貌照片,从图可以发现,由于碳化作用,热解后油页岩半焦的颜色变深。而且很多破碎岩块内部形成了许多平行裂隙,裂隙面的间距大约为 1～2 mm,这些裂隙大多是弱胶结层理面的破裂引起的,干酪根的热解以及油气产物的排采均会导致层理面的大量破裂。

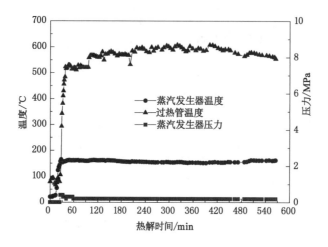

图 6-1　热解过程中蒸汽发生器的温度和压力的变化曲线

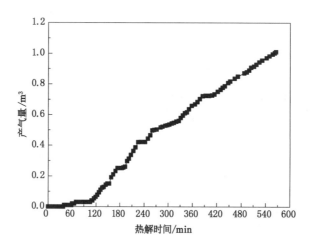

图 6-2　注蒸汽热解过程中产气量的变化特征

图 6-3　试验后油页岩半焦的形貌特征

图 6-4 为长距离反应釜注气端和采气端的油页岩照片,从中可以看出,两个位置的油页岩均发生了明显的热破裂,形成了许多平行的裂隙面,这是因为油页岩内部发育大量的层理,层理面是弱胶结结构,极易在高温作用下发生破裂,而层理面破裂形成的裂隙为高温蒸汽快速进入油页岩深处和油气产物的运移提供了很好的通道。在长距离反应釜注气端的油页岩颜色要深于采气端油页岩颜色,说明注气端油页岩的炭化更加明显,油页岩的热解更为充分,高温有助于油气产物的大量产出。

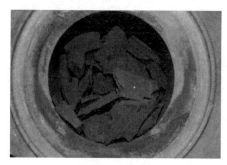 

（a）长距离反应釜注气端　　　　　　　　　　　（b）长距离反应釜采气端

图 6-4　注蒸汽热解后长距离反应釜两端的油页岩照片

6.3　热解过程中气体产物组分的变化特征

有研究[214-215]表明,在油页岩干馏过程中,低温段形成以一氧化碳、二氧化碳和水等气体产物,其中,COOH 在 200 ℃时就会裂解形成二氧化碳,随后 $NaHCO_3$ 以及 R—C＝O 等也会分解形成二氧化碳,水基本上由碳酸盐或者硅酸盐等矿物质内部结合水析出而形成的;温度继续升高则油页岩有机质大分子内部的不稳定羧基、C＝O 以及 C—O—C 等活性官能团首先发生断裂,然后是键能相对较强的脂肪链和芳香环侧链等发生断裂,从而使得中间产物沥青质分解形成烃类气体;同时部分脂肪链会环化,芳香族化合物会局部发生脱氢反应,由此形成了少量的氢气。由此可见,在绝氧干馏条件下油页岩热解形成的气体中烃类气体含量相对较高,而非烃类气体的含量较低。以高温蒸汽为介质进行油页岩的热解时,蒸汽与其他物质反应形成大量的氢气,而且氢气会参与到干酪根的裂解以及缩合等化学反应中,从而改变气体产物的释放特性;另一方面,不同的热解温度下,蒸汽与其他物质化学反应的剧烈程度以及氢自由基的活性等就不同,故油页岩热解产物的组分会发生改变。

长反应距离(4 000 mm)下油页岩裂解生成的气态产物通过冷凝器上部的采气口收集。此次试验共收集到了热解温度分别为 330 ℃、385 ℃、420 ℃、475 ℃、500 ℃、515 ℃、525 ℃、535 ℃、540 ℃、545 ℃以及 555 ℃共 11 个温度点下的气体产物。

6.3.1　热解温度对页岩气组分的影响

将采集的气体产物进行气相色谱分析,图 6-5 为不同热解温度下所收集气体的气相色谱图。从图可见,在烃类气体中,甲烷气体的含量最高;在其他烃类气体中,饱和的烷烃(乙烷、丙烷和丁烷)含量要高于不饱和的烯烃(乙烯、丙烯和丁烯)含量。在非烃类气体中,当热解温度为330 ℃时,二氧化碳的含量最高,而氢气的含量极少;热解温度升高至385 ℃,氢气的含量与二氧化碳的含量相当;此后随着热解温度的升高,氢气含量在非烃类气体中逐步占据主导地位。

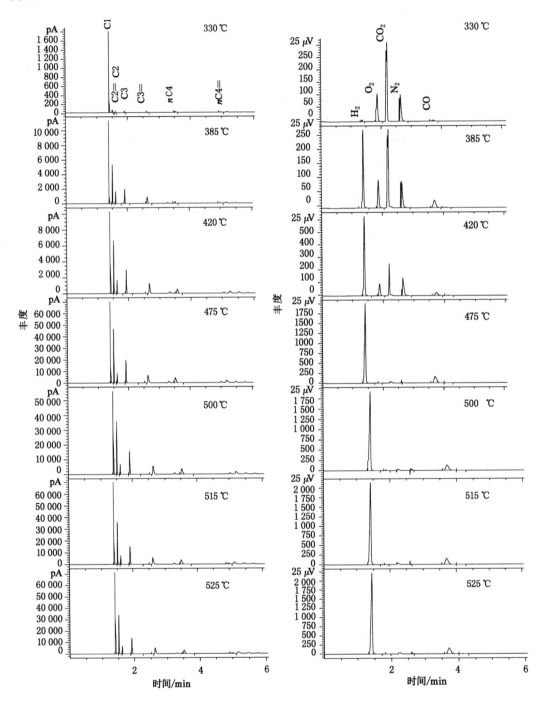

图6-5 不同热解温度下油页岩气体产物的气相色谱图

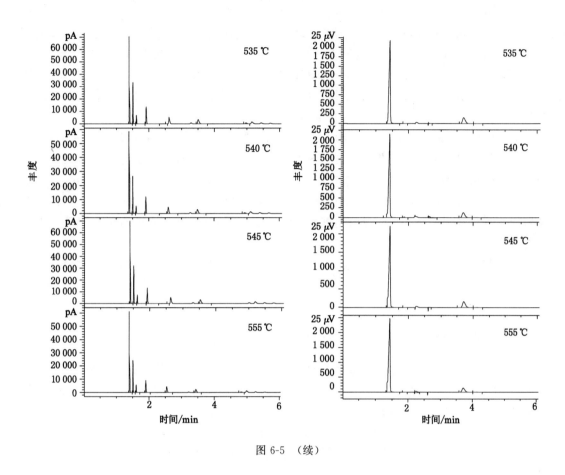

图 6-5　（续）

　　图 6-6 为气体产物不同组分随热解温度的变化关系,随着热解温度的升高,氢气含量表现为先逐步增大而后趋于稳定的特征。

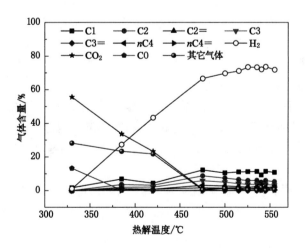

图 6-6　油页岩气体产物含量与热解温度的关系

根据氢气含量增加速率的不同可将其分为三个阶段。

第一阶段:热解温度从 330 ℃增加至 475 ℃,氢气含量从 1.05%增加到 66.64%,近似呈线性增加,增加速率很快。当温度较低时蒸汽分子的活性较低,几乎不参与化学反应,氢气主要来源于脂肪族链烃的环构化、环烷烃的芳香化以及芳香族化合物的脱氢反应等,故低温下氢气含量很低;在热解温度升高过程中蒸汽分子的活性增强,与残碳、一氧化碳以及烃类气体的反应愈来愈剧烈,导致氢气含量快速上升。

第二阶段:热解温度从 475 ℃增加至 525 ℃,氢气含量仅从 66.64%增加到 73.33%,增加速率变得缓慢。在该阶段蒸汽与其他物质的反应已经很剧烈,单纯增加温度对该化学反应的影响效果较小。

第三阶段:热解温度从 525 ℃增加至 555 ℃,氢气含量变化很小,几乎保持稳定,说明在该阶段蒸汽与其他物质的化学反应达到相对稳定的一个阶段,升高温度对氢气产量的影响程度较小。

对于其他组分气体而言,当温度从 330 ℃增加至 475 ℃,二氧化碳的含量变化较大,从 55.61%快速减小到 0.86%。而当温度高于 475 ℃时,二氧化碳和一氧化碳的含量极小,烃类气体的含量相对较高,同时随着注热温度的升高,各组分气体含量变化幅度极小。

6.3.2 高温环境(555 ℃)下热解时间对页岩气组分的影响

图 6-7 为当热解温度为 555 ℃时不同热解时间下所收集气体的气相色谱图,从图中可以发现,无论热解时间多长,甲烷在烃类气体中均占据主导地位,当热解时间达到 4 h 时,其他烃类气体的峰几乎消失。在非烃类气体中,氢气为主要成分,但当热解时间达到 4 h 时,谱图中出现了明显的二氧化碳峰,氢气含量有所减少。

图 6-8 得到了 555 ℃的热解温度下油页岩气体产物不同组分随热解时间的变化关系,从图中可以看出,适当的延长热解时间有助于氢气含量的提高,而当热解时间过长时反而会导致氢气含量的降低。根据氢气含量随热解时间的变化趋势将其分为三个阶段。

第一阶段:热解时间从 0 h 增加到 0.75 h,不同组分气体含量变化极小,几乎保持稳定。在该阶段热解时间的延长几乎不会对页岩气各个组成气体含量造成影响。

第二阶段:热解时间从 0.75 h 增加到 2.5 h,氢气含量从 72%缓慢增加到 87.6%,烃类气体含量在缓慢减少。在该阶段水分子的活化能增强,热解时间的延长利于残碳、一氧化碳和烃类气体与蒸汽化学反应剧烈程度的提高。

第三阶段:热解时间从 2.5 h 增加至 4.0 h,氢气含量从 87.6%减小到了 62.6%,二氧化碳含量从 0.81%增加到了 33.15%。究其原因,当热解时间过长时,反应釜内靠近注气端的油页岩的热解已基本完成,试验所收集氢气主要来源于反应釜内剩下的部分油页岩与蒸汽的反应。

综合此次试验结果,认为当热解温度为 555 ℃、热解时间达到 2.5 h 时,油页岩裂解形成的页岩气中氢气的含量达到最大,油页岩的热解处于一个高度富氢的环境中。

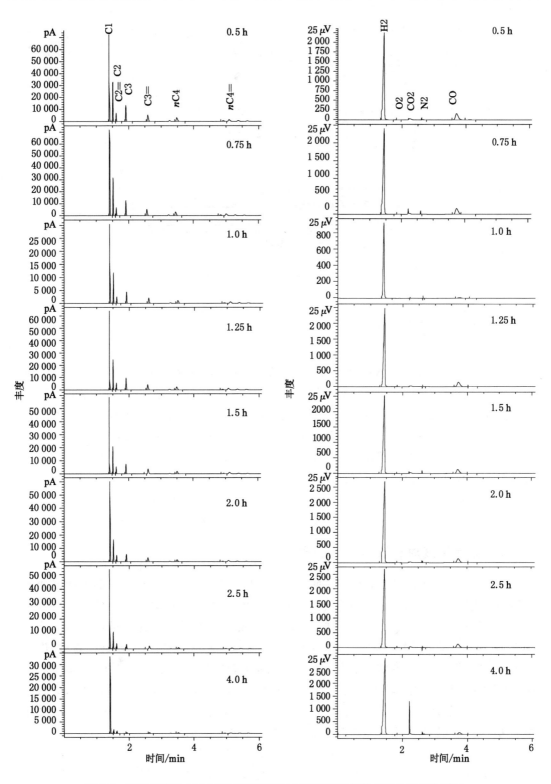

图 6-7　热解温度为 555 ℃时不同热解时间下油页岩气体产物的气相色谱图

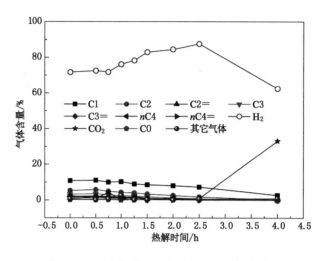

图 6-8　油页岩气体产物含量与热解时间的关系

6.4　热解过程中页岩油产物品质的变化特征

有研究[216-218]显示,当热解温度低于 400 ℃时,油页岩热解形成的页岩油组分以汽油和柴油为主,且不含有重油和润滑油;当热解温度处于 400～460 ℃之间时,页岩油中汽油和柴油比例减少,重油和润滑油比例增多;而当温度超过 460 ℃时,页岩油中轻质油所占比例又会逐步增加。通过注高温蒸汽热解页岩时,在矿层内部形成一个富氢的环境,氢自由基会很大程度上参与到干酪根的化学反应中,影响有机质的热解过程,进而影响页岩油的品质,故需要进行不同蒸汽温度下页岩油品质的研究。

页岩油产物通过冷凝器下部的排出口采集,此次试验共收集到了 350～400 ℃、425 ℃、475 ℃、500 ℃、515 ℃、530 ℃、545 ℃以及 555 ℃共 8 个温度点下的页岩油。

6.4.1　蒸汽温度对页岩油品质的影响

图 6-9 为不同蒸汽温度下所收集页岩油的气相色谱图,从图中可以发现,不同温度下页岩油的构成组分均较为复杂。当热解温度处于 350～400 ℃之间时,$C14～C29$ 烷烃的含量较高;当热解温度为 425 ℃时,$C16～C28$ 烷烃的含量较高;当热解温度为 475 ℃时,$C16～C25$ 烷烃的含量较高;当热解温度为 500 ℃时,$C14～C29$ 烷烃的含量较高;当热解温度为 515 ℃时,$C15～C26$ 烷烃的含量较高。总体上,当注热温度低于 515 ℃时,页岩油中高碳数烃的含量较高,油品较重。而当热解温度处于 530 ℃以上时,各个温度点下采集到页岩油中低碳数的色谱峰分布较多,轻质油含量较多,总体上烷烃含量集中在 $C14～C23$ 之间,由此可见注蒸汽热解油页岩的高温环境利于页岩油的轻质化。

表 6-2 对不同热解温度下采集到的页岩油各个组分进行了统计,则从表 6-2 中可以看出,不同热解度下得到的页岩油中脂肪烃含量要远高于其他物质含量。在脂肪烃中,饱和的烷烃含量要远高于不饱和的烯烃含量。而对于杂原子化合物而言,当热解温度为 425 ℃和 475 ℃时,其含量相对较高,而在其他温度下页岩油中杂原子化合物的含量相对较低。

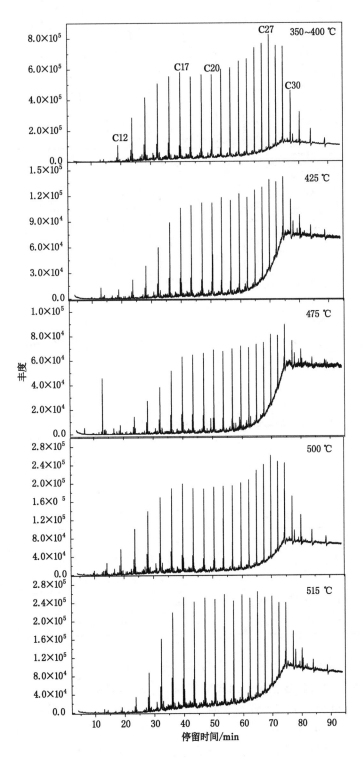

图 6-9　不同热解温度下所收集页岩油的气相色谱图

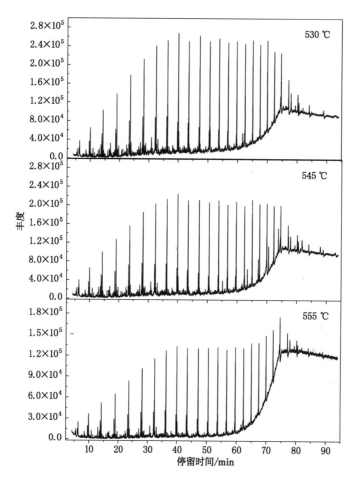

图 6-9 （续）

表 6-2　不同热解温度下页岩油的物质组成

热解温度/℃		350～400	425	475	500	515	530	545	555
物质含量/%	脂肪烃 烷烃	90.51	79.69	80.90	82.77	79.15	72.88	73.91	77.71
	脂肪烃 烯烃	6.97	9.88	10.90	10.18	13.86	19.64	16.99	12.43
	芳香烃	0.84	0.34	0	1.62	1.38	1.85	3.80	4.86
	杂原子化合物	1.68	10.09	8.20	5.43	5.61	5.63	5.30	5.00

　　图 6-10 得到了杂原子化合物含量随热解温度的变化趋势,从图中可以看出,随着热解温度的提高,杂原子化合物含量表现出先增加而后减小的规律。

　　根据杂原子化合物含量随热解温度的变化趋势可将其分为三个阶段。

　　第一阶段:热解温度从 350～425 ℃,杂原子化合物含量从 1.68% 快速增大到 10.09%。究其原因,当热解温度较低时,干酪根大分子内部断裂的化学键极少,形成的杂原子化合物含量较少,而温度升高使得键能较强的化学键断裂,形成的 C—O、C—S 以及 C—N 等化合物含量增加。

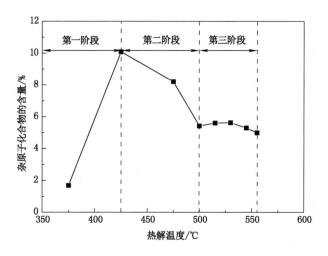

图 6-10　杂原子化合物的含量与热解温度的关系

　　第二阶段:热解温度从 425～500 ℃,杂原子化合物含量从 10.09% 减少到 5.43%,这是因为在该温度段内反应釜内的氢气浓度较高,大量的杂原子与氢自由基发生剧烈反应,使得页岩油中的杂原子化合物大量脱除。

　　第三阶段:热解温度从 500～555 ℃,杂原子化合物含量变化较小,基本保持稳定。该温度段内氢自由基与杂原子的化学反应已经很剧烈,页岩油中一些键能极强的 C—O 键和 C—N 键的断裂需要更加苛刻的热解环境,故该温度段内杂原子化合物的脱除反应趋于完成。

　　从图 6-11 中可以看出,不同热解温度下页岩油中碳数分布呈现为正态分布,不同碳数烃的含量随着碳数的增加表现为增加后减小的趋势。当热解温度为 425 ℃ 时轻质组分含量较低,当热解温度处于 530～555 ℃ 之间时,轻质组分含量较高,高温环境利于页岩油的轻质化。

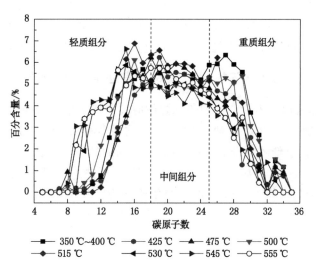

图 6-11　不同热解温度下不同碳数烃在页岩油中所占比例

图 6-12 得到了页岩油中轻质组分含量随热解温度的变化趋势,从图中可以看出,随着热解温度的提高,轻质组分含量表现出先减小后增加的规律。根据轻质组分含量随热解温度的变化趋势可将其分为三个阶段。

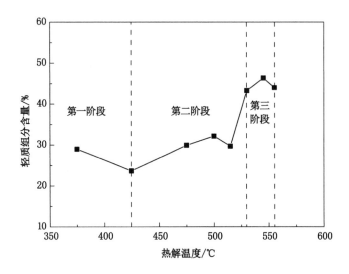

图 6-12　轻质组分含量与热解温度的关系

第一阶段:热解温度从 350 ℃ 增加到 425 ℃,轻质组分含量减少。油页岩在热解过程中,当热解温度较低时干酪根大分子内部仅仅发生弱键的断裂,形成的片段和产物馏沸点较低,页岩油以轻质油为主,但产量极小;随着温度的继续升高,键能较强的共价键断裂,油气大量释放,形成的页岩油中脂肪烃的链长较长,油品较重。

第二阶段,热解温度从 425 ℃ 增加到 530 ℃,轻质组分含量增加。这是因为在热解温度继续升高的过程中长链的热解挥发分化学键继续断裂,导致长链烃转化为短链烃,此时形成的页岩油中轻质组分含量会提高。

第三阶段,热解温度从 530 ℃ 增加到 555 ℃,轻质组分含量保持在较高水平,变化较小。在该阶段大量的短链烃自由基与氢自由基结合,同时氢自由基会一定程度阻止短链烃自由基之间的相互组合,故形成的稳定烃化合物的链长较短,轻质组分含量较高。

6.4.2　高温环境(555 ℃)下热解时间对页岩油品质的影响

图 6-13 为当热解温度为 555 ℃ 时不同热解时间下所收集页岩油的气相色谱图,从图中可以发现,不同热解时间下页岩油的构成组分均较为复杂,而且页岩油中碳数集中在 C14～C24 之间,总体上低碳数烃的含量较高,页岩油的品质较轻。

从表 6-3 中可以看出,当热解温度为 555 ℃ 时,不同热解时间下得到的页岩油中烷烃含量较为接近,杂原子化合物含量总体偏低,热解时间为 2 h 时杂原子化合物含量最高,但也仅为 8.22%,其他热解时间下页岩油中杂原子化合物含量保持在 5% 左右,总体上说明页岩油的品质较好。

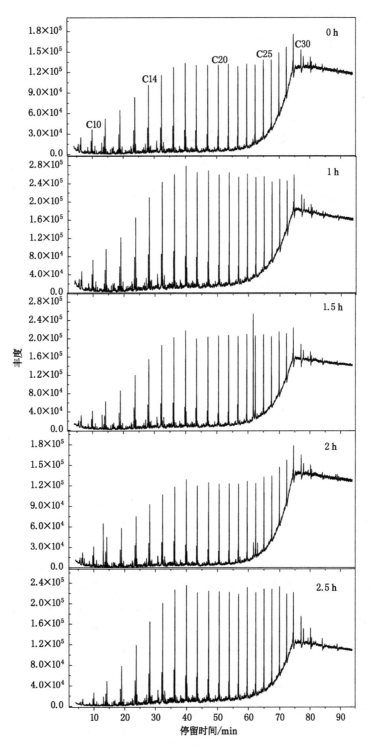

图 6-13　热解温度为 555 ℃时不同热解时间下页岩油的气相色谱图

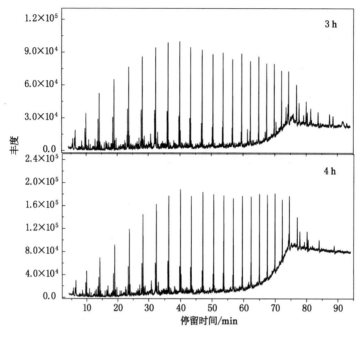

图 6-13 （续）

表 6-3　热解温度为 555 ℃时不同热解时间下页岩油的物质组成

热解时间/h			0	1	1.5	2	2.5	3	4
物质含量/%	脂肪烃	烷烃	77.71	72.65	75.08	75.49	79.8	76.08	77.87
		烯烃	12.43	17.32	17.14	13.40	14.15	14.34	12.31
	芳香烃		4.86	5.36	2.55	2.89	0.68	4.28	4.31
	杂原子化合物		5.00	4.67	5.23	8.22	5.37	5.30	5.51

图 6-14 得到了热解温度为 555 ℃时杂原子化合物含量随热解时间的变化趋势,从图中可以看出,当热解时间为 2 h 时,杂原子化合物含量最高。热解时间处于 0～2 h 之间时,杂原子化合物含量随着热解时间的延长而增加,这是因为在该时间段内长距离反应釜后半段的温度还在升高,在升温过程中大分子有机质内杂原子官能团逐步脱除,页岩油中形成杂原子自由基碎片的速率加快;热解时间处于 2～4 h 之间时,随着热解时间的延长,杂原子化合物含量先减小而后几乎保持不变,在该时间段内氢自由基与断裂的杂原子自由基间发生快速重组,形成相应的气体产物会在较短时间内从页岩油中排出,而后相应的化学反应达到平衡状态,杂原子化合物含量变化较小。

从图 6-15 中可以看出,热解温度为 555 ℃时不同热解时间下页岩油中碳数分布呈现为正态分布,不同碳数烃的含量随着碳原子数的增加表现为增加后减小的趋势。当热解时间为 2.5 h 时低碳数烃的含量相对较低,其次为 1.5 h 的热解时间,当热解时间为 3 h 时页岩油低碳数烃的含量相对较高。

图 6-16 得到了热解温度为 555 ℃时轻质组分含量随热解时间的变化趋势,从图中可以看出,随着热解时间的延长,总体上页岩油中轻质组分含量呈现先降低而后增加的趋势。

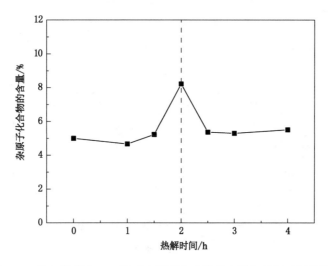

图 6-14　热解温度为 555 ℃时杂原子化合物的含量与热解时间的关系

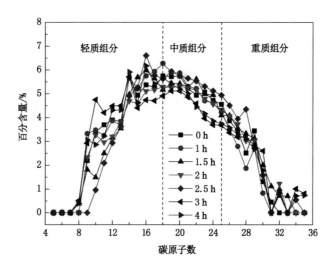

图 6-15　热解温度为 555 ℃时不同热解时间下不同碳数烃在页岩油中所占比例

热解时间从 0 h 增加到 2.5 h,轻质组分含量几乎呈现逐步降低的趋势,当热解时间为 2.5 h 时,轻质组分含量为 37.78%。究其原因,在该时间段内长距离反应釜后半段油页岩化学反应剧烈,干酪根大分子内部键能更强的共价键断裂,形成的自由基链长更长,从而增加了中质组分和重质组分的含量。

热解时间从 2.5 h 增加到 4 h,轻质组分含量升高。认为在该热解时间范围内长距离反应釜后半段油页岩的热解更加剧烈,在高温作用下长链的自由基断裂为短链的自由基,从而增加了轻质组分含量;另一方面,由于长距离反应釜较长,油页岩热解形成的油气在导出长距离反应釜的过程中会与高温的灰分(热载体)接触,导致热解挥发分经历更多的裂解,使得长链烷烃断裂为短链烷烃的难度降低,从而降低长链烷烃含量。

综合此次试验结果,认为当热解温度为 555 ℃、热解时间达到 3 h 时,油页岩裂解形成的页岩油中轻质组分含量较高,杂原子化合物含量较少,品质较好。

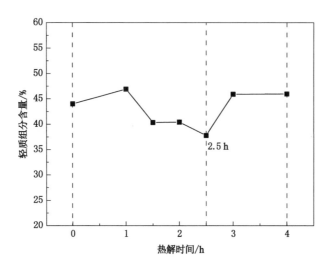

图 6-16　热解温度为 555 ℃时轻质组分含量与热解时间的关系

6.5　蒸汽温度对热解产物释放的影响机理分析

以高温蒸汽作为载热流体热解油页岩的过程中,蒸汽从注热井沿着大规模的裂隙群向生产井方向流动,期间在高温流体的作用下油页岩会发生显著的热破裂,形成明显的热解作用(有机质复杂的化学反应),从而在岩体内部形成从细观微纳米尺度到宏观尺度的孔洞和裂隙,使得岩体从致密低渗透介质转变为多孔介质,这就为油页岩原位开采工艺的进行提供了科学基础。

在此次试验中,高温蒸汽从长距离反应釜的注气端进入油页岩矿体,而从采气端进行油气的排采。在油页岩热解过程中,当蒸汽注入的温度不同,则长距离反应釜内不同位置油页岩有机质的化学反应过程就不同,从而影响采出的油气产物特征。基于上述试验所得结果(不同组分气体与热解温度间的关系、页岩油中轻质组分和杂原子化合物与热解温度间的关系)将长反应距离下注蒸汽热解油页岩的过程分为低温热解阶段、中温热解阶段以及高温热解阶段三个部分。

① 低温热解阶段(热解温度＜425 ℃):蒸汽主要起到换热和传热的作用,有机质大分子内极少量的活性基团分解断裂,形成的烃类气体较少,而且蒸汽分子的活性较低,与其他物质的化学反应较弱。长距离反应釜内氢气来源于两部分,其一为水分子参与的化学反应,其二为脂肪烃的环构化以及环烷烃的芳香化,故氢气浓度较低。

在低温环境下,氢气浓度以及氢自由基的活性较低,因此此氢气几乎不会参与到油页岩的热解反应中。有机质化学反应为干酪根的自裂解,但热解温度较低,干酪根大分子化学键不会发生显著的断裂,形成的页岩油产量也较少。在温度升高过程中键能较强的共价键逐步断裂,页岩油逐步偏于重质化,该温度还未达到干酪根充分裂解的温度。在该温度段,长距离反应釜前半段的油页岩干酪根热解形成少量的页岩油,品质较差,而后半段温度较低,干酪根还未发生热解。该阶段长反应距离下所收集到的页岩油主要为反应釜前半段油页岩热解形成的页岩油,低温热解阶段长距离反应釜内的主要热解过程如图 6-17 所示。

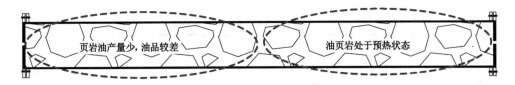

图 6-17　低温热解阶段长距离反应釜内油页岩的热解过程

② 中温热解阶段(425 ℃<热解温度<500 ℃):蒸汽不仅起到换热和传热的作用,而且会参与到有机质的化学反应过程。在该温度段蒸汽与一氧化碳以及烃类气体等发生化学反应,形成了大量的氢气,为油页岩有机质的热解形成了高浓度氢气环境。

该温度段有机质干酪根大分子内部化学键继续发生断裂,形成大量的烃自由基和含杂原子自由基,同时长链的烃自由基还会断裂为链长较短的烃自由基,大量氢气产生的氢自由基与短链烃自由基结合形成链长较短的碳氢化合物,而含杂原子自由基与氢自由基结合形成挥发分物质,从而从页岩油中脱除出来。在该温度段,长距离反应釜前半段油页岩干酪根热解形成大量的页岩油,而且在较短的反应距离下便可达到加氢提质的作用,页岩油品质较好;长距离反应釜后半段油页岩处于低温热解阶段,其热解形成少量的页岩油,但蒸汽会携带氢气贯穿整个反应区域,故该范围内页岩油也会与氢气作用,从而在一定程度上提高页岩油品质。该阶段在长反应距离下所收集到的页岩油主要为长距离反应釜前半段油页岩在中温热解阶段加氢提质形成的页岩油。中温热解阶段长距离反应釜内的主要热解过程如图 6-18 所示。

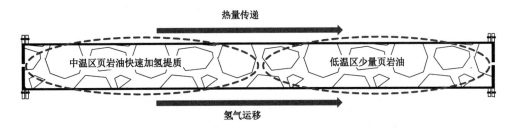

图 6-18　中温热解阶段长距离反应釜内油页岩的热解过程

③ 高温热解阶段(热解温度>500 ℃):蒸汽同样既起到传热的作用,也参与有机质的化学反应过程。在反应釜内部,距注热端距离越近,则油页岩热解的越充分,在该温度段靠近注热端的部分油页岩热解形成了大量的残碳,残碳与高温蒸汽反应同样会产生氢气,该阶段油页岩的热解同样处于富氢的环境之中。

该温度段下靠近注热端油页岩热解完全,长距离反应釜前半段油页岩干酪根大分子内部大量的强键能和弱键能化学键断裂,形成大量的短链烃自由基,与氢自由基快速结合形成较多的轻质组分页岩油;长距离反应釜后半段油页岩的热解温度继续升高,但依然处于低温热解阶段,油页岩热解形成页岩油量依然较少。该阶段长反应距离下所收集到的页岩油主要为长距离反应釜前半段油页岩在高温热解阶段加氢提质形成的页岩油。高温热解阶段长距离反应釜内的主要热解过程如图 6-19 所示。

当注热温度达到 555 ℃时,油页岩的裂解反应和页岩油的加氢提质反应很剧烈,在该温

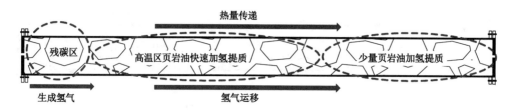

图 6-19 高温热解阶段长距离反应釜内油页岩的热解过程

度下页岩油的产量和品质均较高。控制热解温度不变,继续通入高温蒸汽,则长距离反应釜后半段油页岩的热解温度继续提高,其热解也逐步趋于完成。根据 555 ℃的热解温度下所收集到的页岩油品质和热解时间的关系可将该过程分为两个阶段。

① 第一阶段(0 h<热解时间<2.5 h):该阶段残碳区的范围继续扩大,长距离反应釜后半段油页岩热解区域可分为中温热解区域和低温热解区域两部分,长反应距离下所收集到的页岩油主要为高温热解区域、中温热解区域以及低温热解区域所形成页岩油的混合体。该阶段内随着热解的进行,页岩油中重质组分成分会增加一些,品质会稍微降低,主要热解过程如图 6-20 所示。

图 6-20 短热解时间下长距离反应釜内油页岩的热解过程

② 第二阶段(2.5 h<热解时间<4.0 h):该阶段长距离反应釜前半段油页岩的热解几乎完成,形成了大范围的残碳区,收集到的页岩气中氢气含量降低,但长距离反应釜内整体的氢气浓度依然很高,长距离反应釜后半段油页岩的热解依然处于富氢环境,根据温度的不同可将反应釜后半段油页岩热解区域分为高温热解区域和中温热解区域两部分。长反应距离下所收集到的页岩油主要为高温热解区域和中温热解区域所形成页岩油的混合体。该阶段内随着热解的进行,页岩油中轻质组分含量反而增加,品质提高,主要热解过程如图 6-21 所示。

图 6-21 长热解时间下长距离反应釜内油页岩的热解过程

6.6 本章小结

当热解温度不同时,有机质干酪根的裂解程度以及蒸汽参与的化学反应就不同,最终会影响油页岩的产油产气特征,直接反映到页岩油的产量和品质上。本章重点研究了长反应

距离下热解温度和热解时间对油页岩产油、产气特征的影响规律,所得主要结论为:

① 随着热解温度的升高,长反应距离下所收集的气体组分中氢气和二氧化碳的变化较为明显,其中,氢气含量表现为先逐步增大而后趋于稳定的特征,二氧化碳表现为先减小而后稳定的规律。热解温度从 330 ℃增加至 475 ℃,氢气含量从 1.05%增加到 66.64%,近似呈线性增加,二氧化碳的含量从 55.61%快速减小到 0.86%;当热解温度达到 525 ℃时,继续提高温度对氢气含量的影响较小。

② 555 ℃的热解温度下长反应距离所收集的气体组分中氢气含量随着热解时间的延长表现为先增加而后减小的特征,当热解时间为 2.5 h 时,氢气含量最高,可达 87.6%。总体上,认为当热解温度为 555 ℃、热解时间达到 2.5 h 时,油页岩的热解处于一个高度富氢的环境中。

③ 根据页岩油中轻质组分含量、杂原子化合物含量与热解温度的关系可将注蒸汽热解油页岩的过程分为低温热解阶段(热解温度<425 ℃)、中温热解阶段(425 ℃<热解温度<500 ℃)以及高温热解阶段(热解温度>500 ℃)三个部分。

④ 在低温热解阶段,随着热解温度的升高,页岩油中杂原子化合物含量从 1.68%快速增大到 10.09%,轻质组分含量减少,页岩油产量极少;在中温热解阶段,随着热解温度的升高,页岩油中杂原子化合物含量从 10.09%减少到 5.43%,而轻质组分含量增加,油页岩热解剧烈;在高温热解阶段,页岩油中轻质组分含量保持在较高水平,而杂原子化合物含量也极少,页岩油品质较好。

⑤ 控制热解温度为 555 ℃不变,在热解时间从 0 h 增加到 4 h 的过程中,长反应距离下油页岩热解形成的页岩油中杂原子化合物含量表现为先增加后减小的特征,而轻质组分含量先降低而后增加。当热解时间为 2h 时,杂原子化合物含量最高,其值为 8.22%;当热解时间为 2.5 h 时,轻质组分含量最低,仅为 37.78%。

⑥ 综合试验结果认为,当热解时间较短时,长距离反应釜后半段油页岩有机质升温过程中会裂解形成较多的杂原子和重质组分;当热解时间较长时,含杂原子自由基和短链烃自由基与氢自由基快速重组,从而达到杂原子化合物脱除以及页岩油油品轻质化的目的。总体上,热解温度为 555 ℃、热解时间达到 3 h 时,油页岩裂解形成的油页岩油品质较好。

第7章　结论与展望

7.1　结　　论

本文以注蒸汽原位开采油页岩工艺为背景,进行了注蒸汽原位热解大块油页岩的小型室内试验以及大尺寸油页岩原位压裂热解的物理模拟试验,进行了油页岩注热开采过程中岩体宏细观结构演化规律的研究,结合多种表征手段对注热井和生产井间油页岩细观结构和渗透特进行了细致分析;设计了注蒸汽热解油页岩开采油气的反应系统,以长距离热解油页岩试验为主,结合理论分析,对长反应距离下不同热解温度以及不同热解时间得到的油气产物品质进行了系统研究;同时进行了不同注蒸汽温度下油页岩细观特征以及渗透率演变规律的细致分析,从而揭示了注蒸汽原位开采油页岩物化改性特征及热解机理。

① 温度对油页岩热解特征、渗流特性以及抗压强度的影响规律表现为:油页岩内部含有脂肪族化合物、芳香族化合物、含氧官能团和硅酸盐,随着热解温度的升高,脂肪族化合物的 C—H 键首先发生断裂;油页岩含有复杂的矿物结构和形态,随着热解温度的升高,油页岩的矿物结构和成分发生了显著变化,主要表现在碳酸盐在温度超过 600 ℃时迅速热解。油页岩的抗压强度随着热解温度的升高而降低,在不同的温度段降低速率不同。在应力约束状态下,当热解温度处于 20～400 ℃之间时,油页岩渗透率的量级较小,最高仅为 10^{-2} md;当热解温度高于 400 ℃时,油页岩渗透率较大。与其他地区油页岩的热解、渗流与力学特性进行了对比研究,发现热解温度对不同地区油页岩官能团断裂重组的影响规律较为一致,有机质的含量以及成熟度对热解过程中油页岩强度的影响较大。

② 通过对流加热原位开采模拟实验台注蒸汽原位热解大块油页岩的试验,显示随着热解的不断进行,过热蒸汽压力在 0.1～11.1 MPa 之间变化,而水平应力差整体上表现为先增大后减小的趋势,这是油页岩层理面张拉脆性断裂和层间剪切破坏共同作用的结果。热解完成后,对油页岩半焦进行热重分析,得到在 510 ℃时各个位置油页岩半焦的失重率在 0.17%～2.31% 之间,远低于原样的 10.8%,说明了油页岩的热解较为完全。

③ 在大尺寸油页岩原位压裂-热解的物理模拟试验完成后,对平行层理方向上和垂直层理方向上油页岩的孔隙结构、裂隙结构以及渗透率进行了测试。孔隙特征主要表现为:靠近矿层顶板的油页岩主要依靠传导方式热解,其他区域油页岩主要依靠对流方式热解,平行层理方向上油页岩的有效孔隙率为自然状态下油页岩的有效孔隙率的 12.77～16.05 倍,垂直层理方向上距钢管与花管分界线上方 50 mm 处的热传导矿层油页岩的有效孔隙率仅为 4.48%,是自然状态下油页岩的 2.95 倍。裂隙特征主要表现为:钢管与花管分界线下方的油页岩内部裂隙以长度 100～<500 μm 的微裂隙为主,微裂隙的平均长度在 131.09～160.63 μm 之间,平均开度在 59.31～67.90 μm 之间。分界线上方的油页岩内部存在很少

量的微裂隙,说明热传导加热油页岩的效率很低。渗透率特征表现为:油页岩矿层发育的裂隙面贯通了模型的渗流通路,为流体在空间中的运移提供了通道,在整个热解矿层区域内,有 63.51% 的矿层渗透率是常温下抚顺油页岩渗透率的 23～38 倍。

④ 对比了不同工艺热解油页岩孔隙结构的差异。研究显示:注蒸汽热解和直接干馏两种热解方式下孔隙结构从简单转变为复杂的阈值温度点分别为 382 ℃和 452 ℃。当热解温度从 20 ℃增加到 314 ℃时,两种热解方式下孔隙孔径和孔隙度的增大程度均不明显。热解温度从 314 ℃增大到 555 ℃的过程中,注蒸汽热解工况条件下油页岩的平均孔径从 23.70 nm 增加到 218.15 nm,中值孔径从 30.53 nm 增加到 312.10 nm,孔隙度从 4.82% 增加到 32.24%;直接干馏状态下油页岩平均孔径从 21.68 nm 增加到了 145.60 nm,中值孔径从 25.05 nm 增加到了 234.50 nm,孔隙度从 4.26% 增加到了 28.06%。整体上,注蒸汽热解条件下油页岩的平均孔径、中值孔径和孔隙度要大于直接干馏条件下油页岩的平均孔径、中值孔径和孔隙度,高温蒸汽在不断注入热解有机质和排采油气的过程中会不断拓宽孔隙的孔径。

⑤ 在相同的热解温度下,注蒸汽热解油页岩的孔隙发育更加明显,故对该工况条件下不同类别孔隙的演变特征进行了系统分析。认为当热解温度高于 314 ℃时,中孔孔隙体积和大孔孔隙体积随着温度的升高而增大,小孔孔隙体积表现为先增加后减小的趋势,孔径较小的微孔和小孔逐步转变为孔径较大的中孔和大孔。各个类别孔隙所占比例表现为:中孔＞大孔≈小孔＞微孔。

⑥ 对注蒸汽不同热解温度下的油页岩样品进行了显微 CT 扫描测试,研究了油页岩内部微米级裂隙结构的演变规律。结果表明:注蒸汽热解后的油页岩内部裂隙以微裂隙(100～＜500 μm)为主,在温度升高过程中,油页岩内部微裂隙数量在逐步增加,当蒸汽热解温度为 555 ℃时油页岩内部微裂隙数量为 381 条,是常温下的 54 倍,油页岩在高温蒸汽作用下发生了显著的热破裂;注蒸汽热解后的油页岩内部微裂隙的平均长度和平均开度分别可达 156.67 μm 和 59.85 μm。当蒸汽热解温度超过 452 ℃时,过热蒸汽会充分热解滞留在死端孔隙内的有机质,携带油气产物排出,在岩体内部形成大量的“蝌蚪状”的孔洞。

⑦ 构建了注蒸汽热解油页岩裂隙结构的三维数字模型,发现了油页岩内部不同层位孔隙率的变化,同时结合工业分析、低温干馏以及红外光谱方法得到了蒸汽温度对有机质热解程度的影响规律。结果显示:在平行层理方向上油页岩不同层位孔隙率的变化幅度较小,热解温度从 20 ℃增加到 555 ℃的过程中,油页岩内部裂隙结构的孔隙度从 2.18% 增加到了 14.89%。高温蒸汽热解油页岩后,油页岩内部挥发分含量大量减少,而灰分含量提高,当蒸汽热解温度处于 511～555 ℃之间时,油页岩含油率处于 0.05%～0.22% 之间,综合可见在高温蒸汽作用后油页岩内部干酪根已充分热解。

⑧ 通过实验室测试手段研究了注蒸汽热解油页岩过程中岩体渗透率的演变规律,同时与直接干馏条件下油页岩的渗透率进行了对比分析。研究表明注蒸汽热解工况条件下垂直层理方向油页岩的渗透率较小,其量级最大也仅为 10^{-2} md,根据渗透率增大速率的不同可将渗透率的变化分为三个阶段:热解温度从 20 ℃增加到 314 ℃,渗透率的增加幅度极小,仅从 0 增加到量级为 10^{-6} md;热解温度从 314 ℃增加到 382 ℃,渗透率增大速率显著,增幅在 915～2 777 倍之间;热解温度从 382 ℃增加到 555 ℃,渗透率增大速率减小,增幅在 1.23～3.25 倍之间。注蒸汽热解油页岩在平行层理方向上渗透率的量级要远大于垂直层理方向上油页岩渗透率的量级;热解温度从常温增至 382 ℃,渗透率增大速率较为缓慢,增

幅较小；当温度处于382～555 ℃之间时,随着热解温度的升高,渗透率增大速率较快,增幅显著。两种热解方式下油页岩渗透率的差别主要体现在平行层理方向上,注蒸汽热解油页岩在平行层理方向上的渗透率要明显高于直接干馏条件下油页岩的渗透率,尤其是当热解温度处于314～382 ℃之间时,二者渗透率的差距较为明显。

⑨ 将渗透率试验测试结果与渗流场模拟结合,揭示了注蒸汽热解油页岩渗透率各向异性系数的演变特征。认为当热解温度为314 ℃时,渗透率各向异性系数达到最大值,主要因为在平行层理方向上油页岩发生层理面的破裂,而在垂直层理方向上裂隙极少,无法为流体渗透提供良好通路;热解温度从382 ℃增加到555 ℃的过程中,渗透率各向异性系数较小,基本上呈缓慢增加趋势,渗透率试验得到的渗透率各向异性系数处于14.3～127.6之间,流场模拟得到的油页岩渗透率各向异性系数在15.8～45.0之间。

⑩ 研究了长反应距离下热解温度对油页岩产油、产气特征的影响规律,研究结果表明:随着热解温度的升高,气体组分中氢气含量表现为先逐步增大而后趋于稳定的特征;热解温度从330 ℃增加至475 ℃,氢气含量从1.05%增加到66.64%,近似呈线性增加;当热解温度达到525 ℃时,继续提高温度对氢气含量的影响较小。在不同的热解温度下页岩油的品质和产量亦不同,在低温热解阶段(热解温度<425 ℃),随着热解温度的升高,页岩油中杂原子化合物含量从1.68%快速增大到10.09%,轻质组分含量减少,页岩油产量极少;在中温热解阶段(425 ℃<热解温度<500 ℃),随着热解温度的升高,页岩油中杂原子化合物含量从10.09%减少到5.43%,而轻质组分含量增加,油页岩热解剧烈;在高温热解阶段(热解温度>500 ℃),页岩油中轻质组分含量保持在较高水平,而杂原子化合物含量也极少,页岩油品质较好。

⑪ 当热解温度为555 ℃时,油页岩热解十分剧烈,页岩油产量很高。故控制该温度不变,系统研究了热解反应时间对油气品质改性的规律。结果表明:热解时间从0 h增加到4 h的过程中,气体产物中氢气含量表现为先增加而后减小的特征,当热解时间为2.5 h时,氢气含量最高,可达87.6%。页岩油产物中杂原子化合物含量表现为先增加后减小的特征,当热解时间为2 h时,杂原子化合物含量最高,其值为8.22%;轻质组分含量先降低而后增加,当热解时间为2.5 h时,轻质组分含量最低,仅为37.78%。整体上,热解温度为555 ℃、热解时间达到3 h时,油页岩裂解形成的油页岩油品质较好。

7.2 展 望

油页岩原位对流加热开采油气过程是复杂的物理化学变化过程,本书在对油页岩热解性质、矿物成分、力学特性以及渗流特性等研究的基础上,进行了注蒸汽原位热解大块油页岩的室内模拟试验、大尺寸油页岩原位压裂热解的物理模拟试验以及长反应距离下注蒸汽热解油页岩开采油气的试验,明确了高温蒸汽原位开采油页岩物化改性规律及热解机理。但本研究依然存在未考虑周全以及研究不够深入等问题,今后还需要开展进一步的研究工作,具体总结为:

① 利用高温三轴试验装置进行原位状态下注蒸汽热解压裂裂隙油页岩渗透率及传热性测试试验,同时与传导工艺相比,进一步揭示注蒸汽沿裂缝热解油页岩的渗流与传热机理。

② 将显微 CT 数据与有限元软件结合,进行不同温度下注水换热的模拟研究,得到不同温度的蒸汽热解后油页岩残渣的换热机理。

③ 本书在显微 CT 数据基础上通过 Avizo 软件得到了裂隙在三维空间中的分布特征,在以后的学习中需要将裂隙简化为球棒模型,从而更加真实反映 3D 空间内油页岩内部裂隙结构的分布特征以及流体流动规律。

④ 利用固体传压高温三轴渗透测试系统进行蒸汽温度、蒸汽压力、三轴应力耦合下含单裂隙面油页岩的热解试验,得到蒸汽温度、压力对岩体渗透率的影响规律,与传导加热工艺相比较,进一步阐释注蒸汽开采油页岩的固体物理改性演变规律。

⑤ 构建注蒸汽原位热解油页岩过程中能够描述油气生成化学反应、多组分产物的相态变化和油页岩多尺度孔缝介质结构的固-流-热-化学多场耦合的数学模型,进行油页岩注蒸汽开采的数值模拟研究,得到温度场、渗流场、应力场、浓度场和油气产出等原位开采技术参数的演变规律。

参 考 文 献

[1] 康志勤,赵阳升,杨栋,等.油页岩原位注蒸汽开采油气中试与多模式原位热采技术的适用性分析[J].石油学报,2021,42(11):1458-1468.

[2] 中国储能网新闻中心.十八大以来我国能源发展状况[EB/OL].(2016-03-04)[2019-11-05].http://www.escn.com.cn/news/show-304421.html.

[3] 中华人民共和国自然资源部.中国矿产资源报告.2021[M].北京:地质出版社,2021.

[4] 仇衍铭.世界油气资源分布特征及战略分析[D].北京:中国地质科学院,2019.

[5] JIA C Z,ZHENG M,ZHANG Y F. Unconventional hydrocarbon resources in China and the prospect of exploration and development[J]. Petroleum exploration and development,2012,39(2):139-146.

[6] DYNI J R. Geology and resources of some world oil-shale deposits[J]. Oil shale,2003,20(3):193-252.

[7] YU X D,LUO Z F,LI H B,et al. Effect of vibration on the separation efficiency of oil shale in a compound dry separator[J]. Fuel,2018,214:242-253.

[8] 杨庆春.油页岩炼制过程基础模型、过程开发与集成优化[D].广州:华南理工大学,2017.

[9] 陈会军.油页岩资源潜力评价与开发优选方法研究[D].长春:吉林大学,2010.

[10] 国家能源局.油页岩开发及其现状[EB/OL].(2012-02-10)[2019-11-05].http://www.nea.gov.cn/2012-02/10/c_131402950.htm.

[11] 王磊,杨栋,康志勤.高温水蒸汽作用后油页岩渗透特性及各向异性演化的试验研究[J].岩石力学与工程学报,2021,40(11):2286-2295.

[12] 张海龙.东北北部区油页岩资源评价及评价方法研究[D].长春:吉林大学,2008.

[13] 李翔.松辽盆地上白垩统油页岩展布规律及潜力预测[D].长春:吉林大学,2015.

[14] 贾建亮.基于地球化学—地球物理的松辽盆地上白垩统油页岩识别与资源评价[D].长春:吉林大学,2012.

[15] 太原理工大学.对流加热油页岩开采油气的方法:200510012473.4[P].2005-10-05.

[16] 李柱,谢锋.渗流:应力耦合作用下露天矿边坡稳定性研究[J].工矿自动化,2018,44(12):83-88.

[17] STITES R C,SCHNEIDER O J. Methods and systems for retorting oil shale and upgrading the hydrocarbons obtained therefrom:US10858592[P]. 2020-12-08.

[18] BANSAL V R,KUMAR R,SASTRY M I S,et al. Direct estimation of shale oil potential by the structural insight of Indian origin kerogen[J]. Fuel, 2019, 241: 410-416.

[19] 高健.油页岩清洁高效干馏技术及装备的开发[D].长春:吉林大学,2012.

[20] 徐学纯,邹海峰,孙友宏.油页岩资源综合利用技术与应用[M].长春:吉林大学出版社,2016.

[21] 张秋民,关珺,何德民.几种典型的油页岩干馏技术[J].吉林大学学报(地球科学版),2006,36(6):1019-1026.

[22] PAN Y,ZHANG X M,LIU S H,et al. A review on technologies for oil shale surface retort[J]. Journal of the chemical society of Pakistan,2012,34(6):1331-1338.

[23] AL-AYED O S,HAJARAT R A. Shale oil:its present role in the world energy mix[J]. Global journal of energy technology research updates,2018,5(1):11-18.

[24] WANG Q, HOU Y C, WU W Z, et al. A deep insight into the structural characteristics of Yilan oil shale kerogen through selective oxidation[J]. Carbon resources conversion,2019,2(3):182-190.

[25] SAIF T, LIN Q Y, GAO Y, et al. 4D in situ synchrotron X-ray tomographic microscopy and laser-based heating study of oil shale pyrolysis[J]. Applied energy,2019,235:1468-1475.

[26] LIN L X,LAI D G,GUO E W,et al. Oil shale pyrolysis in indirectly heated fixed bed with metallic plates of heating enhancement[J]. Fuel,2016,163:48-55.

[27] 刘德勋,王红岩,郑德温,等.世界油页岩原位开采技术进展[J].天然气工业,2009,29(5):128-132.

[28] LEE K J,MORIDIS G J,EHLIG-ECONOMIDES C A. Compositional simulation of hydrocarbon recovery from oil shale reservoirs with diverse initial saturations of fluid phases by various thermal processes[J]. Energy exploration & exploitation,2017,35(2):172-193.

[29] WANG L,YANG D,LI X,et al. Macro and meso characteristics of in situ oil shale pyrolysis using superheated steam[J]. Energies,2018,11(9):2297.

[30] 汪友平,王益维,孟祥龙,等.美国油页岩原位开采技术与启示[J].石油钻采工艺,2013,35(6):55-59.

[31] HAN J,SUN Y,GUO W,et al. Characterization of pyrolysis of Nong'an oil shale at different temperatures and analysis of pyrolysate[J]. Oil shale,2019,36(2S):151.

[32] U. S. Department of Energy,Office of Petroleum Reserves,Office of Naval Petroleum and Oil Shale Reserves. Secure fuels from domestic resources:the continuing evolution of America's oil shale and tar sands industries[R]. [S. l. ;s. n.],2007.

[33] HU S Y,XIAO C L,LIANG X J,et al. The influence of oil shale in situ mining on groundwater environment:a water-rock interaction study[J]. Chemosphere,2019,228:384-389.

[34] HU S Y,XIAO C L,JIANG X,et al. Potential impact of in situ oil shale exploitation on aquifer system[J]. Water,2018,10(5):649.

[35] KANG Z,ZHOU Y,QIN X,et al. Characterization of oil shale pore system after heat treatment[C]//81st EAGE Conference and Exhibition 2019,June 3-6,2019,London,

United kingdom.[S. l.];European Association of Geoscientists & Engineers,2019:151734-1-5.

[36] SOEDER D J. The successful development of gas and oil resources from shales in North America[J]. Journal of petroleum science and engineering,2018,163:399-420.

[37] BURNHAM A K,MCCONAGHY J R. Comparison of the acceptability of various oil shale processes[C]//6th Topical Conference on Natural Gas Utilization 2006,April 23-27,2006,the 2006 AIChE Spring National Meeting,Orlando,Florida. [S. l.]:AIChE,2006:575-584.

[38] 吉林省众诚汽车服务连锁有限公司.油页岩原位竖井压裂化学干馏提取页岩油气的方法及工艺:201310152533.7[P].2013-08-07.

[39] 赵金岷.地下燃烧对流加热方法:201610324511.8[P].2019-09-17.

[40] BAI F T,ZHAO J M,LIU Y M. An investigation into the characteristics and kinetics of oil shale oxy-fuel combustion by thermogravimetric analysis[J]. Oil shale,2019,36(1):1-18.

[41] WANG Q Q,MA Y,LI S Y,et al. Expanding exergy analysis for the sustainability assessment of SJ-type oil shale retorting process [J]. Energy conversion and management,2019,187:29-40.

[42] SONG X Z,ZHANG C K,SHI Y,et al. Production performance of oil shale in situ conversion with multilateral wells[J]. Energy,2019,189:116145-1-13.

[43] MENG T,MENG X X,ZHANG D H,et al. Using micro-computed tomography and scanning electron microscopy to assess the morphological evolution and fractal dimension of a salt-gypsum rock subjected to a coupled thermal-hydrological-chemical environment[J]. Marine and petroleum geology,2018,98:316-334.

[44] GUO W,ZHANG M,SUN Y H,et al. Numerical simulation and field test of grouting in Nong'an pilot project of in situ conversion of oil shale[J]. Journal of petroleum science and engineering,2020,184:106477-1-11.

[45] BAI F T,SUN Y H,LIU Y M,et al. Characteristics and kinetics of Huadian oil shale pyrolysis via non-isothermal thermogravimetric and gray relational analysis [J]. Combustion science and technology,2020,192(3):471-485.

[46] BAI F T,GUO W,LÜ X S,et al. Kinetic study on the pyrolysis behavior of Huadian oil shale via non-isothermal thermogravimetric data[J]. Fuel,2015,146:111-118.

[47] WANG L,ZHAO Y S,YANG D,et al. Effect of pyrolysis on oil shale using superheated steam:a case study on the Fushun oil shale,China[J]. Fuel,2019,253:1490-1498.

[48] WANG L,YANG D,ZHAO J,et al. Changes in oil shale characteristics during simulated in situ pyrolysis in superheated steam[J]. Oil shale,2018,35(3):230-241.

[49] 王磊.过热蒸汽原位热解油页岩开采油气微观特征研究[D].太原:太原理工大学,2017.

[50] ZHANG Z J,CHAI J,ZHANG H Y,et al. Structural model of Longkou oil shale kerogen

and the evolution process under steam pyrolysis based on ReaxFF molecular dynamics simulation[J]. Energy sources, part A: recovery, utilization, and environmental effects, 2021, 43(2):252-265.

[51] MU M, HAN X X, JIANG X M. Combined fluidized bed retorting and circulating fluidized bed combustion system of oil shale: 3. Exergy analysis[J]. Energy, 2018, 151:930-939.

[52] 王芳. 低阶煤流化床两段气化制清洁燃气实验研究[D]. 北京:中国矿业大学(北京), 2016.

[53] LAI D G, CHEN Z H, LIN L X, et al. Secondary cracking and upgrading of shale oil from pyrolyzing oil shale over shale ash[J]. Energy & fuels, 2015, 29(4):2219-2226.

[54] LAI D G, CHEN Z H, SHI Y, et al. Pyrolysis of oil shale by solid heat carrier in an innovative moving bed with internals[J]. Fuel, 2015, 159:943-951.

[55] LAI D G, SHI Y, GENG S L, et al. Secondary reactions in oil shale pyrolysis by solid heat carrier in a moving bed with internals[J]. Fuel, 2016, 173:138-145.

[56] LAI D G, ZHANG G Y, XU G W. Characterization of oil shale pyrolysis by solid heat carrier in moving bed with internals[J]. Fuel processing technology, 2017, 158:191-198.

[57] DIJKMANS T, DJOKIC M R, VAN GEEM K M, et al. Comprehensive compositional analysis of sulfur and nitrogen containing compounds in shale oil using GC×GC-FID/SCD/NCD/TOF-MS[J]. Fuel, 2015, 140:398-406.

[58] DIJKMANS T, VAN GEEM K M, DJOKIC M R, et al. Combined comprehensive two-dimensional gas chromatography analysis of polyaromatic hydrocarbons/polyaromatic sulfur-containing hydrocarbons(PAH/PASH) in complex matrices[J]. Industrial & engineering chemistry research, 2014, 53(40):15436-15446.

[59] 王擎, 石聚欣, 迟铭书, 等. 基于^{13}C NMR 技术的桦甸油页岩热解行为[J]. 化工进展, 2014, 33(9):2321-2325.

[60] WANG Q, LIU H P, SUN B Z, et al. Study on pyrolysis characteristics of Huadian oil shale with isoconversional method[J]. Oil shale, 2009, 26(2):148-162.

[61] WANG Q, ZHAO W Z, LIU H P, et al. Interactions and kinetic analysis of oil shale semi-coke with cornstalk during co-combustion[J]. Applied energy, 2011, 88(6):2080-2087.

[62] 刘娟, 李长宽, 关庆山. 不同升温速率干馏对桦甸及龙口页岩油性质的影响[J]. 东北电力技术, 2011, 32(12):30-32.

[63] HUANG Y R, HAN X X, JIANG X M. Comparison of fast pyrolysis characteristics of Huadian oil shales from different mines using Curie-point pyrolysis-GC/MS[J]. Fuel processing technology, 2014, 128:456-460.

[64] HUANG Y R, HAN X X, JIANG X M. Characterization of dachengzi oil shale fast pyrolysis by curie-point pyrolysis-gc-ms[J]. Oil shale, 2015, 32(2):134-150.

[65] SHI J, MA Y, LI S Y, et al. Characteristics of Estonian oil shale kerogen and its

pyrolysates with thermal bitumen as a pyrolytic intermediate[J]. Energy & fuels, 2017,31(5):4808-4816.

[66] 石剑,李术元,马跃. 爱沙尼亚油页岩及其热解产物的电子顺磁共振研究[J]. 燃料化学学报,2018,46(1):1-7.

[67] SADIKI A,KAMINSKY W,HALIM H,et al. Fluidised bed pyrolysis of Moroccan oil shales using the hamburg pyrolysis process[J]. Journal of analytical and applied pyrolysis,2003,70(2):427-435.

[68] YU X D,LUO Z F,YANG X L,et al. Oil shale separation using a novel combined dry beneficiation process[J]. Fuel,2016,180:148-156.

[69] YU X D,LUO Z F,LI H B,et al. Beneficiation of 6-0 mm fine-grain oil shale using vibrating air-dense medium fluidized bed separator[J]. Fuel,2017,203:341-351.

[70] HRULJOVA J,JÄRVIK O,OJA V. Application of differential scanning calorimetry to study solvent swelling of kukersite oil shale macromolecular organic matter:a comparison with the fine-grained sample volumetric swelling method[J]. Energy & fuels,2014,28(2):840-847.

[71] KELEMEN S R,WALTERS C C,ERTAS D,et al. Petroleum expulsion part 3. A model of chemically driven fractionation during expulsion of petroleum from kerogen [J]. Energy & fuels,2006,20(1):309-319.

[72] RU X,CHENG Z Q,SONG L H,et al. Experimental and computational studies on the average molecular structure of Chinese Huadian oil shale kerogen[J]. Journal of molecular structure,2012,1030:10-18.

[73] 茹鑫. 油页岩热解过程分子模拟及实验研究[D]. 长春:吉林大学,2013.

[74] NA J G,IM C H,CHUNG S H,et al. Effect of oil shale retorting temperature on shale oil yield and properties[J]. Fuel,2012,95:131-135.

[75] 王军,梁杰,王泽,等. 温度对油页岩快速热解特性的影响[J]. 煤炭转化,2010,33(1):65-68.

[76] 裴宝琳. 油页岩低温热解的实验研究[D]. 太原:太原理工大学,2013.

[77] 张晓亮. 油页岩有机质结构组成及其热断裂行为研究[D]. 北京:北京化工大学,2015.

[78] WANG S,JIANG X M,HAN X X,et al. Investigation of Chinese oil shale resources comprehensive utilization performance[J]. Energy,2012,42(1):224-232.

[79] WANG S,JAVADPOUR F,FENG Q H. Molecular dynamics simulations of oil transport through inorganic nanopores in shale[J]. Fuel,2016,171:74-86.

[80] WANG S,JIANG X M,HAN X X,et al. Effect of retorting temperature on product yield and characteristics of non-condensable gases and shale oil obtained by retorting Huadian oil shales[J]. Fuel processing technology,2014,121:9-15.

[81] AL-OTOOM A Y,SHAWABKEH R A,AL-HARAHSHEH A M,et al. The chemistry of minerals obtained from the combustion of Jordanian oil shale[J]. Energy,2005,30(5):611-619.

[82] AL-HARAHSHEH M,AL-AYED O,ROBINSON J,et al. Effect of demineralization

and heating rate on the pyrolysis kinetics of Jordanian oil shales[J]. Fuel processing technology,2011,92(9):1805-1811.

[83] AL-HARAHSHEH A, AL-AYED O, AL-HARAHSHEH M, et al. Heating rate effect on fractional yield and composition of oil retorted from El-Lajjun oil shale[J]. Journal of analytical and applied pyrolysis,2010,89(2):239-243.

[84] WANG W,MA Y,LI S Y,et al. Effect of temperature on the EPR properties of oil shale pyrolysates[J]. Energy & fuels,2016,30(2):830-834.

[85] WANG W,LI L Y,MA Y,et al. Pyrolysis kinetics of north-Korean oil shale[J]. Oil shale,2014,31(3):250.

[86] WANG W,LI S Y,YUE C T,et al. Multistep pyrolysis kinetics of North Korean oil shale[J]. Journal of thermal analysis and calorimetry,2015,119(1):643-649.

[87] SUUBERG E M, SHERMAN J, LILLY W D. Product evolution during rapid pyrolysis of Green River Formation oil shale[J]. Fuel,1987,66(9):1176-1184.

[88] OJA V, SUUBERG E M. Oil shale processing, chemistry and technology [M]// MEYERS R A. Encyclopedia of sustainability science and technology. New York: Springer,2012:7457-7491.

[89] LU Z H,FENG M,LIU Z Y,et al. Structure and pyrolysis behavior of the organic matter in two fractions of Yilan oil shale [J]. Journal of analytical and applied pyrolysis,2017,127:203-210.

[90] ZHAO X S, ZHANG X L, LIU Z Y, et al. Organic matter in Yilan oil shale: characterization and pyrolysis with or without inorganic minerals [J]. Energy & fuels,2017,31(4):3784-3792.

[91] CHANG Z B,CHU M,ZHANG C,et al. Influence of inherent mineral matrix on the product yield and characterization from Huadian oil shale pyrolysis[J]. Journal of analytical and applied pyrolysis,2018,130:269-276.

[92] CHANG Z B, CHU M, ZHANG C, et al. Investigation of the effect of selected transition metal salts on the pyrolysis of Huadian oil shale,China[J]. Oil shale,2017, 34(4):354-367.

[93] ALJARIRI ALHESAN J S, FEI Y, MARSHALL M, et al. Long time, low temperature pyrolysis of El-Lajjun oil shale [J]. Journal of analytical and applied pyrolysis,2018,130:135-141.

[94] ALJARIRI ALHESAN J S,AMER M W,MARSHALL M,et al. A comparison of the NaOH-HCl and HCl-HF methods of extracting kerogen from two different marine oil shales[J]. Fuel,2019,236:880-889.

[95] AMER M W,ALJARIRI ALHESAN J S,MARSHALL M,et al. Characterization of Jordanian oil shale and variation in oil properties with pyrolysis temperature [J]. Journal of analytical and applied pyrolysis,2019,140:219-226.

[96] MAES J,MUGGERIDGE A H,JACKSON M D,et al. Scaling analysis of the in-situ upgrading of heavy oil and oil shale[J]. Fuel,2017,195:299-313.

[97] MAES J,MUGGERIDGE A H,JACKSON M D,et al. Modelling in situ upgrading of heavy oil using operator splitting method[J]. Computational geosciences,2016, 20(3):581-594.

[98] AMER M W,MITREVSKI B,ROY JACKSON W,et al. Multidimensional and comprehensive two-dimensional gas chromatography of dichloromethane soluble products from a high sulfur Jordanian oil shale[J]. Talanta,2014,120:55-63.

[99] AMER M W,MARSHALL M,FEI Y,et al. The structure and reactivity of a low-sulfur lacustrine oil shale(Colorado USA)compared with those of a high-sulfur marine oil shale(Julia Creek,Queensland,Australia)[J]. Fuel processing technology, 2015,135:91-98.

[100] AMER M W,MARSHALL M,FEI Y,et al. A comparison of the structure and reactivity of five Jordanian oil shales from different locations[J]. Fuel,2014,119: 313-322.

[101] SHI Y Y,LI S,MA Y,et al. Pyrolysis of Yaojie oil shale in a Sanjiang-type pilot-scale retort[J]. Oil shale,2012,29(4):368-375.

[102] SHI Y Y, LI S Y, HU H Q. Studies on pyrolysis characteristic of lignite and properties of its pyrolysates[J]. Journal of analytical and applied pyrolysis,2012, 95:75-78.

[103] 施彦彦. 油页岩加氢热解与页岩油加氢精制耦合过程研究[D]. 大连:大连理工大学,2014.

[104] 柏静儒,邵佳晔,张宏喜,等. 碱性木质素与油页岩共热解协同作用的 TG-FTIR 研究[J]. 太阳能学报,2017,38(6):1533-1538.

[105] 柏静儒,邵佳晔,李梦迪,等. 碱木质素与油页岩共热解特性及动力学分析[J]. 农业工程学报,2016,32(7):187-193.

[106] 柏静儒,李梦迪,邵佳晔,等. 油页岩与木屑混合热解特性研究[J]. 东北电力大学学报,2015,35(4):62-66.

[107] 余智. 油页岩有机质与无机矿物伴生赋存关系及有机质结构特征的研究[D]. 北京:北京化工大学,2017.

[108] 余智,侯玉翠,王倩,等. 油页岩有机质的逐级热溶解聚及产物特性[J]. 化工学报, 2017,68(10):3943-3958.

[109] CHANAA M B, LALLEMANT M, MOKHLISSE A. Pyrolysis of Timahdit, Morocco,oil shales under microwave field[J]. Fuel,1994,73(10):1643-1649.

[110] EL HARFI K,MOKHLISSE A,CHANÂA M B,et al. Pyrolysis of the Moroccan (Tarfaya) oil shales under microwave irradiation[J]. Fuel,2000,79(7):733-742.

[111] 李小龙,郑德温,方朝合,等. 微波干馏方法是开发页岩油的有效手段[J]. 天然气工业,2012,32(9):116-120,139-140.

[112] 周国江,孙静. 微波辅助下油页岩 CS2-NMP 萃取物的 GC/MS 分析[J]. 黑龙江科技学院学报,2009,19(2):83-86.

[113] 孙静. 微波辅助 CS₂-NMP 萃取依兰油页岩的研究[D]. 哈尔滨:黑龙江科技大

学,2009.

[114] LAN X Z,LUO W J,SONG Y H,et al. Effect of the temperature on the characteristics of retorting products obtained by Yaojie oil shale pyrolysis[J]. Energy & fuels,2015, 29(12):7800-7806.

[115] 罗万江. 油页岩热解过程及产物析出特性实验研究[D]. 西安:西安建筑科技大学,2016.

[116] 罗万江,兰新哲,宋永辉. 油页岩微波热解过程中硫的析出特性[J]. 燃烧科学与技术, 2015,21(6):561-566.

[117] 白奉田. 局部化学法热解油页岩的理论与室内试验研究[D]. 长春:吉林大学,2015.

[118] 白奉田,孙友宏,刘玉民,等. 桦甸油页岩物理化学特性研究[J]. 探矿工程,2013(增刊1):239-243.

[119] 杨阳. 高压-工频电加热原位裂解油页岩理论与试验研究[D]. 长春:吉林大学,2014.

[120] 杨阳,孙友宏,李强. 高压-工频电加热原位裂解油页岩的试验研究[J]. 探矿工程, 2013(增刊1):244-246.

[121] DAVID TUCKER J,MASRI B,LEE S. A comparison of retorting and supercritical extraction techniques on El-Lajjun oil shale[J]. Energy sources,2000,22(5): 453-463.

[122] JIANG H F,DENG S H,CHEN J,et al. Effect of hydrothermal pretreatment on product distribution and characteristics of oil produced by the pyrolysis of Huadian oil shale[J]. Energy conversion and management,2017,143:505-512.

[123] JIANG H F,ZHANG M Y,CHEN J,et al. Characteristics of bio-oil produced by the pyrolysis of mixed oil shale semi-coke and spent mushroom substrate[J]. Fuel, 2017,200:218-224.

[124] LEE K J,MORIDIS G J,EHLIG-ECONOMIDES C A. Numerical simulation of diverse thermal in situ upgrading processes for the hydrocarbon production from kerogen in oil shale reservoirs[J]. Energy exploration & exploitation,2017,35(3): 315-337.

[125] WANG G Y,LIU S W,YANG D,et al. Numerical study on the in-situ pyrolysis process of steeply dipping oil shale deposits by injecting superheated water steam:a case study on Jimsar oil shale in Xinjiang,China[J]. Energy,2022,239:122182-1-15.

[126] LEWAN M D,BIRDWELL J E. Application of uniaxial confining-core clamp with hydrous pyrolysis in petrophysical and geochemical studies of source rocks at various thermal maturities[C]//Unconventional Resources Technology Conference, August 12-14,2013,Denver,Colorado. Oklahoma:Society of Petroleum Engineers, 2013:2565-2572.

[127] BARKER C E,LEWAN M D. The effect of supercritical water on vitrinite reflectance as observed in contact metamorphism and pyrolysis experiments[J]. Abstracts of papers of the American chemical society,1999,217:822.

[128] 何里. 近临界水原位提取油页岩内部有机质模拟实验及数值模拟研究[D]. 长春:吉林

大学,2018.

[129] SUN Y H,KANG S J,WANG S Y,et al. Subcritical water extraction of Huadian oil shale at 300 ℃[J]. Energy & fuels,2019,33(3):2106-2114.

[130] ABOULKAS A,EL HARFI K. Study of the kinetics and mechanisms of thermal decomposition of Moroccan Tarfaya oil shale and its kerogen[J]. Oil shale,2008, 25(4):426-443.

[131] ABOULKAS A,EL HARFI K,EL BOUADILI A. Non-isothermal kinetic studies on co-processing of olive residue and polypropylene [J]. Energy conversion and management,2008,49(12):3666-3671.

[132] ABOULKAS A,HARFI K,NADIFIYINE M,et al. Thermogravimetric characteristics and kinetic of co-pyrolysis of olive residue with high density polyethylene[J]. Journal of thermal analysis and calorimetry,2008,91(3):737-743.

[133] 马跃,李术元,王娟,等.水介质条件下油页岩热解机理研究[J].燃料化学学报,2011, 39(12):881-886.

[134] 马跃,李术元,王娟,等.饱和水介质条件下油页岩热解动力学[J].化工学报,2010, 61(9):2474-2479.

[135] 张洁莹,杨栋,康志勤.油页岩孔裂隙结构随温度演化规律细观研究[J].辽宁工程技术大学学报(自然科学版),2019,38(3):228-233.

[136] 杨栋,康志勤,赵静,等.油页岩高温 CT 实验研究[J].太原理工大学学报,2011, 42(3):255-257.

[137] YANG L S,YANG D,ZHAO J,et al. Changes of oil shale pore structure and permeability at different temperatures[J]. Oil shale,2016,33(2):101-110.

[138] SUN Y H,BAI F T,LÜ X S,et al. Kinetic study of Huadian oil shale combustion using a multi-stage parallel reaction model[J]. Energy,2015,82:705-713.

[139] BAI F T,SUN Y H,LIU Y M,et al. Thermal and kinetic characteristics of pyrolysis and combustion of three oil shales[J]. Energy conversion and management,2015, 97:374-381.

[140] BAI F T,SUN Y H,LIU Y M,et al. Evaluation of the porous structure of Huadian oil shale during pyrolysis using multiple approaches[J]. Fuel,2017,187:1-8.

[141] GAO Y P,LONG Q L,SU J Z,et al. Approaches to improving the porosity and permeability of Maoming oil shale,South China[J]. Oil shale,2016,33(3):216-227.

[142] LIU Z J,YANG D,HU Y Q,et al. Influence of in situ pyrolysis on the evolution of pore structure of oil shale[J]. Energies,2018,11(4):755-770.

[143] 刘志军,杨栋,邵继喜,等.基于低场核磁共振的抚顺油页岩孔隙连通性演化研究[J].波谱学杂志,2019,36(3):309-318.

[144] 刘志军.温度作用下油页岩孔隙结构及渗透特征演化规律研究[D].太原:太原理工大学,2018.

[145] SCHRODT J T,OCAMPO A. Variations in the pore structure of oil shales during retorting and combustion[J]. Fuel,1984,63(11):1523-1527.

[146] SCHRODT J T,COMER A C. Surface area and pore volume distributions of eastern us oil shales[M] //SAM S. Energy:money,materials and engineering. Amsterdam: Elsevier,1982:51-56.

[147] 张少冲. 油页岩半焦燃烧过程中含氧官能团和孔隙结构的演变研究[D]. 吉林:东北电力大学,2017.

[148] 刘洪鹏,张少冲,王擎. 油页岩半焦燃烧过程中官能团演化特性研究[J]. 科学技术与工程,2017,17(7):35-41.

[149] SAIF T,LIN Q Y,BIJELJIC B,et al. Microstructural imaging and characterization of oil shale before and after pyrolysis[J]. Fuel,2017,197:562-574.

[150] SAIF T,LIN Q Y,BUTCHER A R,et al. Multi-scale multi-dimensional microstructure imaging of oil shale pyrolysis using X-ray micro-tomography, automated ultra-high resolution SEM,MAPS Mineralogy and FIB-SEM[J]. Applied energy,2017,202:628-647.

[151] SAIF T,LIN Q Y,SINGH K,et al. Dynamic imaging of oil shale pyrolysis using synchrotron X-ray microtomography[J]. Geophysical research letters,2016,43(13): 6799-6807.

[152] RIBAS L,NETO J M D R,FRANÇA A B,et al. The behavior of Irati oil shale before and after the pyrolysis process [J]. Journal of petroleum science and engineering,2017,152:156-164.

[153] 耿毅德,梁卫国,刘剑,等. 不同温压条件下油页岩孔裂隙结构演化试验研究[J]. 岩石力学与工程学报,2018,37(11):2510-2519.

[154] GENG Y D,LIANG W G,LIU J,et al. Evolution of pore and fracture structure of oil shale under high temperature and high pressure[J]. Energy & fuels, 2017, 31(10):10404-10413.

[155] ZHU J Y,YANG Z Z,LI X G,et al. Application of microwave heating with iron oxide nanoparticles in the in situ exploitation of oil shale[J]. Energy science & engineering,2018,6(5):548-562.

[156] ZHU J Y,YANG Z Z,LI X G,et al. Evaluation of different microwave heating parameters on the pore structure of oil shale samples [J]. Energy science & engineering,2018,6(6):797-809.

[157] YANG Z Z, ZHU J Y, LI X G, et al. Experimental investigation of the transformation of oil shale with fracturing fluids under microwave heating in the presence of nanoparticles[J]. Energy & fuels,2017,31(10):10348-10357.

[158] 李翔. 不同加热方式下油页岩孔裂隙结构及渗流路径演化规律的研究[D]. 太原:太原理工大学,2019.

[159] 孟巧荣,康志勤,赵阳升,等. 油页岩热破裂及起裂机制试验[J]. 中国石油大学学报（自然科学版）,2010,34(4):89-92,98.

[160] WANG G Y,YANG D,ZHAO Y S,et al. Experimental investigation on anisotropic permeability and its relationship with anisotropic thermal cracking of oil shale under high temperature and triaxial stress[J]. Applied thermal engineering,2019,146:718-725.

[161] WANG G Y, YANG D, KANG Z Q, et al. Anisotropy in thermal recovery of oil shale-part 1: thermal conductivity, wave velocity and crack propagation[J]. Energies, 2018, 11(1):77.

[162] RABBANI A, BAYCHEV T G, AYATOLLAHI S, et al. Evolution of pore-scale morphology of oil shale during pyrolysis: a quantitative analysis[J]. Transport in porous media, 2017, 119(1):143-162.

[163] 康志勤, 赵阳升, 孟巧荣, 等. 油页岩热破裂规律显微 CT 实验研究[J]. 地球物理学报, 2009, 52(3):842-848.

[164] 康志勤. 油页岩热解特性及原位注热开采油气的模拟研究[D]. 太原:太原理工大学, 2008.

[165] KANG Z Q, ZHAO J, YANG D, et al. Study of the evolution of micron-scale pore structure in oil shale at different temperatures[J]. Oil shale, 2017, 34(1):42-54.

[166] 康志勤, 王玮, 赵阳升, 等. 基于显微 CT 技术的不同温度下油页岩孔隙结构三维逾渗规律研究[J]. 岩石力学与工程学报, 2014, 33(9):1837-1842.

[167] BURNHAM A K. Thermomechanical properties of the garden gulch member of the green river formation[J]. Fuel, 2018, 219:477-491.

[168] BURNHAM A K. Kinetic models of vitrinite, kerogen, and bitumen reflectance[J]. Organic geochemistry, 2019, 131:50-59.

[169] KANG Y L, YANG D S, YOU L J, et al. Experimental evaluation method for permeability changes of organic-rich shales by high-temperature thermal stimulation [J]. Journal of natural gas geoscience, 2021, 6(3):145-155.

[170] DONG F K, FENG Z J, YANG D, et al. Permeability evolution of pyrolytically-fractured oil shale under in situ conditions[J]. Energies, 2018, 11(11):en11113033-1-9.

[171] 董付科, 杨栋, 冯子军. 高温三轴应力下吉木萨尔油页岩渗透率演化规律[J]. 煤炭技术, 2017, 36(8):165-166.

[172] 李强. 油页岩原位热裂解温度场数值模拟及实验研究[D]. 长春:吉林大学, 2012.

[173] 王擎, 王锐, 贾春霞, 等. 油页岩热解的 FG-DVC 模型[J]. 化工学报, 2014, 65(6):2308-2315.

[174] 李婧婧, 汤达祯, 许浩, 等. 准南大黄山芦草沟组油页岩热解气相色谱特征[J]. 石油勘探与开发, 2008, 35(6):674-679.

[175] 李婧婧, 汤达祯, 许浩, 等. 准噶尔盆地东南缘油页岩干馏的 PY-GC 模拟[J]. 吉林大学学报(地球科学版), 2011, 41(增刊 1):85-90.

[176] 高丽慧. 粘土矿物催化生物质热解机理及生物炭吸附特性研究[D]. 徐州:中国矿业大学, 2019.

[177] 黄雷. 油页岩热解制取高品质油气过程调控与机理研究[D]. 北京:中国石油大学(北京), 2018.

[178] 康志勤, 李翔, 杨涛, 等. 基于传导、对流不同加热模式的油页岩孔隙结构变化的对比研究[J]. 岩石力学与工程学报, 2018, 37(11):2565-2575.

[179] 赵阳升. 多孔介质多场耦合作用及其工程响应[M]. 北京:科学出版社, 2010.

[180] HUANG X D, YANG D, KANG Z Q. Impact of pore distribution characteristics on

percolation threshold based on site percolation theory [J]. Physica A： statistical mechanics and its applications,2021,570：125800-1-14.

[181] ZHAO J,KANG Z Q. Permeability of oil shale under in situ conditions：Fushun oil shale(China) experimental case study[J]. Natural resources research,2021,30(1)： 753-763.

[182] JARZYNA J A, KRAKOWSKA P I, PUSKARCZYK E, et al. X-ray computed microtomography：a useful tool for petrophysical properties determination [J]. Computational geosciences,2016,20(5)：1155-1167.

[183] KAPUR J N, SAHOO P K, WONG A K C. A new method for gray-level picturethresholding using the entropy of the histogram [J]. Computer vision, graphics,and image processing,1985,29(3)：273-285.

[184] KRAKOWSKA P, DOHNALIK M, JARZYNA J, et al. Computed X-ray microtomography as the useful tool in petrophysics：a case study of tight carbonates Modryn formation from Poland[J]. Journal of natural gas science and engineering, 2016,31：67-75.

[185] KRAKOWSKA P, PUSKARCZYK E, JEDRYCHOWSKI M, et al. Innovative characterization of tight sandstones from Paleozoic basins in Poland using X-ray computed tomography supported by nuclear magnetic resonance and mercury porosimetry[J]. Journal of petroleum science and engineering,2018,166：389-405.

[186] HABRAT M, KRAKOWSKA P, PUSKARCZYK E, et al. The concept of a computer system for interpretation of tight rocks using X-ray computed tomography results[J]. Studia geotechnica et mechanica,2017,39(1)：101-107.

[187] 王磊,杨栋,康志勤,等.注蒸汽原位开采油页岩热解温度确定及可行性分析[J].科学技术与工程,2015,15(29)：109-113.

[188] ZHAO Y S,FENG Z C,LV Z X,et al. Percolation laws of a fractal fracture-pore double medium[J]. Fractals,2016,24(4)：1650053-1-8.

[189] 牛心刚.预制裂隙岩石单轴压缩声发射特征研究[J].工矿自动化,2020,46(2)： 73-77.

[190] JURI J E, DIJKE M I J, SORBIE K S. Inversion of lattice network structure subjected to carbonate mercury intrusion capillary pressure：Hamiltonian Monte Carlo posterior sampling[J]. Transport in porous media,2015,106(1)：73-106.

[191] ZHAO Y S,FENG Z J,ZHAO Y,et al. Experimental investigation on thermal cracking,permeability under HTHP and application for geothermal mining of HDR [J]. Energy,2017,132：305-314.

[192] 郁伯铭,徐鹏,邹明清.分形多孔介质输运物理[M].北京:科学出版社,2014.

[193] BERG C F. Permeability description by characteristic length,tortuosity,constriction and porosity[J]. Transport in porous media,2014,103(3)：381-400.

[194] 杨栋,薛晋霞,康志勤,等.抚顺油页岩干馏渗透实验研究[J].西安石油大学学报(自然科学版),2007,22(2)：23-25.

[195] 刘中华,杨栋,薛晋霞,等. 干馏后油页岩渗透规律的实验研究[J]. 太原理工大学学报,2006,37(4):414-416.

[196] SHEN Y Q,SU J Z,QIN Q C,et al. Comparative study on applicability of permeability testing methods in shale reservoirs[J]. ACS Omega,2021,6(37):24176-24184.

[197] BRACE W F,WALSH J B,FRANGOS W T. Permeability of granite under high pressure[J]. Journal of geophysical research,1968,73(6):2225-2236.

[198] PAN Z J,MA Y,CONNELL L D,et al. Measuring anisotropic permeability using a cubic shale sample in a triaxial cell[J]. Journal of natural gas science and engineering,2015,26:336-344.

[199] GHANIZADEH A,AMANN-HILDENBRAND A,GASPARIK M,et al. Experimental study of fluid transport processes in the matrix system of the European organic-rich shales:II. Posidonia Shale(Lower Toarcian,northern Germany)[J]. International journal of coal geology,2014,123:20-33.

[200] 康毅力,白佳佳,李相臣,等. 水-岩作用对富有机质页岩应力敏感性的影响:以渝东南地区龙马溪组页岩为例[J]. 油气藏评价与开发,2019,9(5):54-62.

[201] KLUGER M O,JORAT M E,MOON V G,et al. Rainfall threshold for initiating effective stress decrease and failure in weathered tephra slopes[J]. Landslides,2020,17(2):267-281.

[202] 李俊乾,刘大锰,姚艳斌,等. 气体滑脱及有效应力对煤岩气相渗透率的控制作用[J]. 天然气地球科学,2013,24(5):1074-1078.

[203] 张蒳,陈自凯. 考虑气体滑脱的渗透率模型[C]//北京力学会. 北京力学会第二十五届学术年会论文集. [S. l. :s. n.],2019:611-612.

[204] WANG J J,YU L,YUAN Q W. Experimental study on permeability in tight porous media considering gas adsorption and slippage effect[J]. Fuel,2019,253:561-570.

[205] 韩婧. 水氧协同作用对油页岩热解特性影响研究[D]. 长春:吉林大学,2019.

[206] 聂凡. 油砂热解油气生成行为研究[D]. 大连:大连理工大学,2018.

[207] 畅志兵. 基于油页岩组成结构的热解特性研究[D]. 北京:中国矿业大学(北京),2017.

[208] VIVERO L,BARRIOCANAL C,ÁLVAREZ R,et al. Effects of plastic wastes on coal pyrolysis behaviour and the structure of semicokes[J]. Journal of analytical and applied pyrolysis,2005,74(1/2):327-336.

[209] YU J L,LUCAS J A,WALL T F. Formation of the structure of chars during devolatilization of pulverized coal and its thermoproperties:a review[J]. Progress in energy and combustion science,2007,33(2):135-170.

[210] LIU X P,ZHAN J H,LAI D G,et al. Initial pyrolysis mechanism of oil shale kerogen with reactive molecular dynamics simulation[J]. Energy & fuels,2015,29(5):2987-2997.

[211] SHEN M S,LUI A P,SHADLE L J,et al. Kinetic studies of rapid oil shale pyrolysis:2. Rapid pyrolysis of oil shales in a laminar-flow entrained reactor[J]. Fuel,1991,70(11):1277-1284.

［212］邹亮. 低阶煤及其四氢呋喃萃取产物的热解研究［D］. 大连：大连理工大学，2016.

［213］王晔. 铜川油页岩单独热解及共热解特性研究［D］. 西安：西北大学，2014.

［214］NAZZAL J M. Influence of heating rate on the pyrolysis of Jordan oil shale［J］. Journal of analytical and applied pyrolysis，2002，62(2)：225-238.

［215］ŞENSÖZ S，ANGIN D，YORGUN S. Influence of particle size on the pyrolysis of rapeseed(Brassica napus L.)：fuel properties of bio-oil［J］. Biomass and bioenergy，2000，19(4)：271-279.

［216］KUNWAR B，CHENG H N，CHANDRASHEKARAN S R，et al. Plastics to fuel：a review［J］. Renewable and sustainable energy reviews，2016，54：421-428.

［217］ABNISA F，WAN DAUD W M A. A review on co-pyrolysis of biomass：an optional technique to obtain a high-grade pyrolysis oil［J］. Energy conversion and management，2014，87：71-85.

［218］BALLICE L，YÜKSEL M，SAĞLAM M，et al. Evolution of volatile products from Göynük(Turkey) oil shales by temperature-programmed pyrolysis［J］. Fuel，1997，76(5)：375-380.